国家社会科学基金项目“社会公正与民众幸福感的相关性研究”（12BZX071）成果
集美大学科研出版经费资助

幸福与公正

理念的辨析和实践的探索

吴沁芳 等　著

Happiness and Justice

Ideal Analysis and Practical Exploration

科 学 出 版 社
北 京

内 容 简 介

本书以“社会公正与民众幸福的相关性”为切入点，从价值理念的辨析和实践路径的考察两大层面展开论述。在梳理前人相关思想资源的基础上，深入探析以往研究的丰富成果，把握其中的精华与实质，力求在马克思主义基础上确立适合当代社会的价值维度，探寻解决现实困境的有效路径。本书借助哲学、伦理学、经济学、政治学、文化学以及生态学等多学科的理论依据和研究方法，分别对“幸福”与“公正”的相关理论观点以及不同领域的公正指向和幸福诉求，展开了多维度和多视角的研究分析，进而提出了富有针对性的现实对策。

本书较为系统地探讨了“幸福与公正”的理论观点和现实问题，可供对相关问题感兴趣的研究院所研究者、高等院校师生以及社会工作者阅读和参考。

图书在版编目（CIP）数据

幸福与公正：理念的辨析和实践的探索/吴沁芳等著. —北京：科学出版社，2022.11

ISBN 978-7-03-073495-2

Ⅰ.①幸… Ⅱ.①吴… Ⅲ.①幸福-研究-中国②公正-研究-中国 Ⅳ.①B82 ②D081

中国版本图书馆 CIP 数据核字（2022）第 194433 号

责任编辑：刘红晋 邹 聪 陈晶晶 / 责任校对：韩 杨
责任印制：徐晓晨 / 封面设计：有道文化

科学出版社出版
北京东黄城根北街 16 号
邮政编码：100717
http:// www.sciencep.com

北京虎彩文化传播有限公司印刷

科学出版社发行 各地新华书店经销

*

2022 年 11 月第 一 版 开本：720×1000 1/16
2022 年 11 月第一次印刷 印张：12 1/2
字数：204 000

定价：88. 00 元

（如有印装质量问题，我社负责调换）

目　录

导论

无论从人类社会演进的宏观进程，还是从个体生命发展的微观视角看，对于幸福的追寻，始终是人类生活的一个终极目标和核心议题，进而构成了人类生活的一种具有普遍必然性的生存意向。进一步看，对于“幸福”问题的审视以及对于“幸福生活”的渴望，既体现为人类与生俱来的一种“本能性”（或本质性）关注，更蕴含着生命在世的一种“根本性”需求。康德便认为：求得幸福，必然是每一个理性的然而却有限的存在者的热望，因而也是他欲求能力的一个不可避免的决定根据。[①]费尔巴哈则指出：所有一切属于生活的东西都属于幸福……一切的追求，至少一切健全的追求都是对于幸福的追求。[②]因此，古往今来，尽管不同时期人们对幸福话题的关注度有增有减，但对幸福生活的热望却始终如一。

问题是：何谓真正的幸福？如何获取幸福的生活？在此，必然要涉及历史与现实、理念和实践等诸多层面和不同维度的考量，更需要获得来自理论与实际以及个体和社会的多样化条件的支撑。显然，要想拥有真正意义上的幸福生活，进而让主体获得内在而持久的幸福感，既不可能依赖主体的主观幻想而垂手而得，也不可能依靠个体的或者单一的条件而轻易实现，它必须建立在诸种复杂多样的主客观条件之上。换言之，“幸福”是一种多元复杂的社会价值现象，因而，其价值意义的确立及其现实形态——“幸福生活”的呈现，需要多样化的因素和条件的支持。而从促成“幸福生活”实现的层面上看，最为根本的一点，是需要作为社会成员集合体及其意志代表的国家以及相关的社会机构组织，依循人性化的理念，借助制度的力量，以真正蕴含公正性的体制机制，创设尽可能充分和有利的条件，以求在最大程度上实现社会成员的生命价值，进而促使其

---

① 康德：《实践理性批判》，韩水法译，北京：商务印书馆，1999 年版，第 24 页。

② 费尔巴哈：《费尔巴哈哲学著作选集》（上卷），荣震华、李金山，等译，北京：商务印书馆，1984 年版，第 543 页。

获得真正的幸福生活。在此，幸福生活的诉求与公平正义的社会制度构成了紧密相连的价值关系，而正是由于“幸福与公正”的密切相关性，长期以来，二者之间的关系问题成为中外思想家格外关注和探究的重要价值现象。

本书围绕“幸福与公正”及其相互关系问题展开相关研究，其中涉及了一系列重大的理论和现实问题，不论在理念层面还是在实践层面都是一个严峻的挑战，但同时，反思和明辨、探寻和确立的过程又是一个不无愉悦的思想旅程。

一、论题的缘起及其意义

“幸福”与“公正”是有着深厚渊源的古老话题，在古希腊时期以及古代中国社会就已开始了对相关问题的思考和探索，之后的所有时代都不乏对“幸福”与“公正”问题的探究。可以说，作为人类生存发展的目标性需求，无论哪一个时代，都离不开对于“幸福”的追求和对于“公正”的关注。然而，由于时代背景和社会环境的不同，“公正”与“幸福”被重视的程度及其所蕴含的价值意义又有所差异。时至当代，“幸福与公正”的话题再度引发世人的高度关切和深刻反思，显然，其中一定存在着不可忽视的客观必然性以及不可回避的现实必要性。笔者之所以将“幸福与公正”及其相互关系问题作为探讨的主题，自然是建立在对当下社会变迁的考察和对现实生活的观照的基础上，而其中主要基于以下两大基本视角的考量。

（一）源于对当今社会现实状况的考察

经验性判断告诉我们，在社会生活中，某一种现象（或对象）被评判或被强调，要么是因为它格外稀缺而被大众所关注和寻求，要么是因为它面临着严峻的现实困境而被人们所反思或探究，如财富、幸福，又如腐败、不公等。综观世界现状：从民众的角度说，存在着“幸福缺失”现象；而从社会的角度看，则呈现出“公正缺失”状况。

前文述及，幸福是一个恒久性的话题，而且，它始终是人类生活的核心问题。但由于社会发展不同阶段的价值导向和目标重点不同，人们对于“幸福”议题的关注度有所增减。近年来，“幸福”的话题再度被热议，央视的《走基层·百姓心声》特别调查节目，就“幸福是什么？”的话题，对不同行业、不同阶层人士进行了采访。在“你幸福吗？”的不断追问下，人们既呈现出热切的关注态度，也表现出迥异的看法。但是，一个话题能够引起如此强烈的社会关注和巨大的反响，其本身便说明了问题，特别是作为人类生活的内在需求及目标指向的“幸福”，成为一个社会的普遍性问题被热议，在很大程度上表明，它已经呈现出相当程度的稀缺性，或是存在着较为严重的偏离、扭曲以至异化现象。

那么，何以判断人们的生活幸福状况？当今国人的幸福感究竟怎样？近些年来，有关幸福感强弱的话题被不时提及，而“幸福指数”排名的量化考察，更在直观层面让人们感受到国人的生活幸福状态。自2012年以来，联合国先后多次公布了世界各国幸福指数排行榜，主要基于六项指标展开调查和评估，包括收入、自由、信任、健康和预期寿命、社会支持和慷慨程度，可在一定程度上反映各国国民的生活幸福程度（侧重主观幸福感）。2012 年联合国发布了首份《全球幸福指数报告》，根据这份报告，丹麦成为全球最幸福的国家（地区），中国香港排名第 67，中国大陆则排名第 112。值得重视的是，幸福指数排名与经济发展状况呈现出十分不匹配的现象。

众所周知，改革开放以来，伴随国家经济发展水平的迅速提升，国人的物质生活水平得到了显著提高，而人们在比较之后，心理上的幸福感可能滞后。2011年，央视财经频道主办了《CCTV2010 经济生活大调查》，据主办方透露，在 8 万余份有效问卷中，44.7%的人感到生活幸福及很幸福，而感到自己不幸福和很不幸福的达到 11.1%。从当下现实看，“幸福”依然常常成为人们不断追问或者反省的一个重要话题。那么，当“幸福与否”成为人们的一种普遍疑问甚至导致一定程度的“幸福焦虑感”时，这在相当程度上表明：一方面，社会成员对幸福生活充满渴望；另一方面，社会中一定数量的人正受“不幸”的困扰。

人们不禁要问：为何在物质生活如“芝麻开花节节高”的同时，民众的幸福感却并未得到明显提升？幸福感的缺乏究竟原因何在？在我们考察民众幸福指数的诸多构成要素时，社会公正与否应当说是一个关涉所有社会指标，并直接影响民众实际福利效果的核心维度。综观现实，当今中国影响民众幸福感提升的一个重要事实，便是正义环境及社会公平度。目前，我国的社会发展不平衡以及其中反映出的社会不公现象复杂多样，主要表现在城乡之间、区域之间、群体之间的差距较大，其中，又包括了收入差距、财产差距以及文化教育、医疗卫生、生态环境等方面的差距。

基尼系数是国际上用来综合考察居民收入分配差异状况的评价指标，它能够在一定程度上衡量一个国家的贫富差距状况，进而反映居民收入分配的公平程度。基尼系数采取的是比例数值，处于 0 和 1 之间，国际公认的贫富差距警戒线是 0.4。由于统计方法、数据来源的差异，不同途径获得的基尼系数会有所差别。北京大学中国社会科学调查中心发布的《中国民生发展报告 2014》称，中国的财产不平等程度在迅速升高：顶端 1%的家庭占有全国 1/3 以上的财产，底端 25%的家庭拥有的财产总量仅在 1%左右。国家统计局公布的数据显示，中国的基尼系数在总体呈下降趋势的同时有所波动。[①]这表明，我国居民依然存在着贫富差距，而在关系基本民生的收入分配上仍然存在着不公平状况，这必然会直接或间接影响民众幸福感的提升。

当然，社会生活是复杂而充满矛盾的，因而，导致民众幸福感缺失的原因自然复杂多样，可以说包括了诸如经济结构、政治制度、文化氛围、生态环境以及人际关系等诸多方面的因素。但论及影响幸福感的主要因素，一般可从物质条件和精神条件两大方面，以及个体因素和社会因素两大维度去考量。从当今中国社会看，物质生活条件的改善有目共睹，而且，随着全面建设小康社会的不断推进，人们的物质生活水平还将显著提升。从国际上看，物质生活条件的改善并未明显提升人们的幸福感，相反，人们常常困惑于幸福感的匮乏与缺失。在此，民众对于幸福的普遍期望和制度机制所能提供的社会条件构成了一定程度的反差。

那么，如何在今天这样一个“物欲泛滥”而“幸福匮乏”的社会环境里，探寻改变现状以提升民众幸福感的机制和路径？这是摆在每一个国人面前的现实问题，也是思想界需要深入探究的重大课题，更是各级政府应当高度重视和应对的严峻挑战。

（二）源自对相关问题深入探究的需要

“幸福与公正”是一个历久弥新的社会话题，因而，它不仅蕴含着历代先贤的深远思辨和实践探索，承载着深厚的历史积淀，同时，当代中国社会发生的前

① 央视网：《统计局：近年中国的基尼系数总体上呈下降趋势》，央视网，2017。

所未有的巨大变迁，又迫使人们更为深入地思索现实中的“幸福与公正”问题。可以说，在当今社会环境下，人们有关“幸福与公正”问题的反思和探索，是现实生活发展状况使然，也正因如此，愈发显现其所具有的重大研究意义。

当下中国，包括哲学、政治学、伦理学、经济学、社会学等学科在内的诸多学科均高度关注“公正”“幸福”及其相互关系问题，这表明：一方面，社会生活已经提出了研究该问题的紧迫性和重要性；另一方面，我们对于相关问题的认知还存在着较大的疏漏、偏差，并因此使得主体呈现出无所适从甚至困顿迷失的状态。为此，需要人们在观念层面展开一系列的相关思考和探索，驱除迷雾、拨云见日，从而形成明晰而正确的价值理念。

1. 需要对“幸福”与“公正”的双重缺失现象进行深刻的理性反思

现实生活表明，一方面，物质生活的不断富裕并未带来幸福感的持续提升，相反，愈发膨胀的物欲以及相互攀比带来的失衡心态，在一定程度上造成了民众幸福感的降低。另一方面，社会生活诸多领域存在着的不公现象，而制度执行中存在的非公正现象，更是在一定程度上削弱了社会成员的公平生存发展权，导致一些民众幸福感的缺失。对此，我们不得不有所警醒进而深入反思：当下社会在“幸福”与“公正”问题上呈现出的问题与困境，究竟原因何在？是个体本身的欲壑难填或价值迷失，还是社会在其迅速发展中产生的目标错位或制度缺失？笔者认为，影响国人幸福感提升的主要原因有以下两大方面。

第一，从个体层面看，社会成员在幸福观上存在着明显的价值偏差甚至异化，导致本该获得的幸福感被人为地削弱或丧失。幸福观上的偏差和异化，突出地表现在人们对于物质欲求的过度关注和追求。经济条件的攀比和名牌效应的膨胀，让一些社会成员在无止境的物欲追逐中难以自拔。而这种异化的幸福观，在很大程度上左右并影响着人们的真实幸福感。针对社会成员在幸福观上存在着的价值偏离现象，首先就需要着力于主体的价值纠偏。如果不廓清人类幸福的内涵和外延，那么所谓的“美好生活图景”就可能成为一种人为杜撰的伪幸福意见、一种缺乏德性的设计。因此，何谓幸福事关人人，也关乎最佳政制建构，是紧迫而重大的哲学问题。[①]

---

① 高山奎：《论幸福的人性基础及其政制前提》，《理论探讨》2016 年第 1 期，第 63 页。

第二，人是社会性动物，每个人都无法脱离社会大环境而孤立地生存发展，因而，一个特定的社会制度必定会通过其相应的目标设定和政策机制，从各个方面影响其中每个人的生活。那么，当一个社会存在着公正缺失时，即使其经济发展水平得到明显提升，个人物质财富的累积也达到了一定的程度，但民众的幸福感却未必能得到相应的提高。

当今社会的不公现象，最主要的原因在于我们的目标设置中存在一定程度的公正缺位以及制度运行中的公正缺失：一方面，存在着制度运行机制上的公平性不足；另一方面，体现为制度运行效果上的公平度缺乏。因此，我们既需要在公正观上确立正确的价值理念，更应当在合理的公正原则导向下，积极探索实现民众幸福的社会机制和现实途径。

2. 需要对“幸福”与“公正”的相关理论问题予以深入的理性探讨

社会发展史表明，人类不同于其他动物之处在于，其行为方式深受自身思想观念的影响；同时，作为社会性动物的人类，人们的生产方式、人际关系及其生存状态更为一定社会中的价值观念所左右。因此，要使每一个社会成员在复杂的“社会丛林”中自由而幸福地生活，不但需要主体自身拥有适合其生存发展的价值理念，更需要作为人群集合体的社会建构起积极而有益的价值观体系，从而有效推进社会生活的良性发展，并引领社会成员形成合理的价值取向，进而谋求美好的生活状态。

前文述及，当今社会存在着一定程度的“双重缺失”现象，而且，这些现象已经在很大程度上掣肘民众幸福感的提升。值得重视的是，其中透露出的深层问题是，不同层次的社会主体在价值观上存在着偏差。因此，尽管有关“公正”“幸福”及其相互关系的问题，在其目标指向上是社会之良治与民众之幸福，因而必须关注社会生活的现实层面，然而，要使一个社会形成公正的制度环境，进而使民众获得真正的幸福生活，首先需要社会成员拥有正确的“幸福观”和“公正观”。

论及“幸福”和“公正”的问题，古今中外相关的著述卷帙浩繁、经典纷呈。然而，我们知道，任何一种思想学说都有其时代和个体的局限性，因而都只是一种相对性真理。因此，且不说在新的时代环境下，社会形态、制度环境及主体需求等方面的变化，对老话题必须有所回应，即使对于一些基本概念、基本观点的理解和表述，虽历经数代人的反思、论辩和阐发，也还面临着在新的时代背景下如何推陈出新以至恰当到位的问题。

本书力图在尊重并重视前人相关研究的基础上，通过考察以往研究的丰富成果，梳理其中的思想脉络，把握其中的思想精华，进而寻找它们对于当代社会的价值意义。其中，我们将分别探讨一系列的相关理论问题，诸如何谓幸福，何为幸福的生活，幸福与快乐、幸福与幸福感的区别和联系；何为公正，公正与正义、公平、平等的区别和联系；幸福与公正的价值维度和当代意义，“幸福”和“公正”之间的关系及其现实影响；等等。此外，本书更注重从不同领域、不同视角以及不同维度，探究社会在“幸福”和“公正”问题上面临的矛盾和困境，并积极寻求化解诸多问题的对策和出路。

需要进一步说明的是，笔者正是在对现实生活状况的考察以及对相关理论探究之必要性的基础上，将“幸福”与“公正”的问题作为自己的研究主题，在此基础上申报了国家社会科学基金项目“社会公正与民众幸福感的相关性研究”并得以获批立项，而本书则是该课题的最终成果。本书以“社会公正与民众幸福的相关性”为切入点，着重考察在当下社会，由于原有价值理念中存在的缺失而带来的民众幸福感的不足或下降的状况；进而以民众幸福为落脚点，探讨社会公正对于民众幸福感的提升所具有的重要意义，以及如何以更为公正的社会治理方式，使民众在有限的社会资源和社会财富条件下，获得更美好的幸福生活，产生更强烈的幸福感。显然，在当今“以人为本”的视野下，对该问题的研究不仅具有突出的理论价值，而且具有很强的现实意义。

二、本书的基本立场和主要方法

（一）“以人为本”的基本立场及其价值诉求

1. 人本主义的价值立场

人既是社会性动物，又具有显著的精神性特质，因此，面对任何一种社会现象和问题，都会自觉不自觉地表明自己的立场，进而显性或隐性地表达自己的需求和主张。本书从论题的设立到观点的阐述以至对策的提出，都将突显“人本化”的价值立场。

从思想史的角度说，“人本主义”作为一种极具代表性的社会思潮，从14世纪直至当代社会，都产生了极为重大的影响。文艺复兴运动中，人们借助哲学、文学和艺术的形式来展现“人本化”的、不同于中世纪以神学为主导的思想倾向。近现代以来，在诸多学科领域以及许多思想家的理论学说中，“人本主义”主张都是贯穿其中的精神内核，并一度成为十分兴盛的思想潮流。尽管在不同的历史时期，“人本主义”思想家的具体主张有所差异，但关注人的存在状况，重视人的价值和尊严，并以人性为基础，以人的需求和利益为研究主题，进而以人的生存状况最优化为目标，则是“人本主义”的共同指向。

本书对于“人本主义”的关注和倡导，并不强调对其理论形态的承袭和趋同，而是取其对于人的存在、人的价值高度重视和阐扬的精神，确立以“人”为首要性考量的价值立场，力求在突显“人本主义”价值内核的基础上，以人的存在及其完善化为基本价值目标。

生活事实表明，不论是“幸福”还是“公正”的问题，都是有关人的存在状况的问题——“幸福”是人类生活必须关注的根本价值目标，而“公正”则是实现人类生活良善化的基本价值取向。其实，何止“幸福”与“公正”的问题，人类生活的所有渴望和追求、矛盾和困境等无不与人本身息息相关。因此，对人的本性、人的存在状态及其价值意义的注重和追问，自然是我们的研究必须直面的理论前提和现实基点，而“人本主义”的价值立场也就成为我们首先需要明确的立论之本。

2. 以人为本的价值指向

应当说，在当代社会生活中，以“人本主义”为价值基础的理论学说和政策主张已经不仅仅是一种观念上的时髦，它不但越来越呈现为现当代诸多思想学说的内在核心价值，更加成为不同民族和国家在其制度设计和政策实施过程中必须考量的目标指向。其实，随着时代的发展，“人本主义”的思想主张和价值立场已经转换为更具有现实意义的“以人为本”的价值指向。

针对以往对“以人为本”价值指向的忽视以及由此带来的不利影响，思想界以及社会各界人士已经有所警觉，并提出了相应的见解和主张。党中央则通过社会发展规划以及相关的路线政策方针，力求改变“重物轻人”“只看数据不看人”的状况。中国共产党第十九届六中全会上通过的《中共中央关于党的百年奋斗重大成就和历史经验的决议》指出：人民对美好生活的向往就是我们的奋斗目标，增进民生福祉是我们坚持立党为公、执政为民的本质要求，让老百姓过上好日子是我们一切工作的出发点和落脚点，补齐民生保障短板、解决好人民群众急难愁盼问题是社会建设的紧迫任务。显然，在当下的中国，从学界主张到政府倡导以至百姓认知，“以人为本”“人民至上”已经愈发成为当代社会的一种价值共识。然而，理性地看，“以人为本”的价值指向还需有更为明晰的观念界限和目标指向，此即有关“人”的存在地位的设定。对此，我们采取的是一种“后人类中心论”的定位和取向——既不赞同以“人是万物的尺度”为指向的“人类中心论”，也不主张所谓“万物皆平等”的“非人类中心论”取向，而是秉持将人的首要性和其他物种的重要性相互结合的立场。

首先，我们认为，人的首要性地位是无可取代的，因此，在所有人类的价值观确立和现实的制度设计及政策实施过程中，人的存在及其发展完善必须是首要考量的对象。但与此同时，我们也抱持相对意义上的生态主义立场，兼顾对于其他物种存在发展权利的重视和保护。为此，在本书的撰写过程中，一方面，我们在对“幸福”与“公正”的理论探讨和观念确立的问题上，始终围绕“人”的存在价值和意义展开；另一方面，在对“幸福”与“公正”的现实考察和对策探寻中，不但注重“以人为本”的价值指向和目标落实，也关注整个生命共同体的生存状态和相互联系。

3. 以人为本的价值基础

需要进一步探究的是，在相关的理论研讨以及现实的制度设计中，“以人为本”的价值理念究竟应当确立在怎样的基础上？又怎样确保它在实际生活中的呈现？我们认为，以下两个方面尤为应当注重。

其一，应当重视人性的复杂性。对于人性的考量并由此而形成的基本判断，是确立“以人为本”立场的价值基点。从古至今，不同时期、不同国度以及不同学科的思想家们，都在不同层面上关注和探讨过人性的问题，而“性善论”“性恶论”“亦善亦恶”“无善无恶”等相关的界说和争论从未停止过。从根本上说，倘若想要真正探究人类生活的秘密，进而解读人类社会的种种现象和问题背后的密码，对于人性的重视和分析一定是绕不过去的大前提。因为人的一切活动、人类社会和人类历史的一切现象都建基于人的本性、表现着人的本性。[①]那么，面对与人类生活密切相关甚至是至关重要的“幸福”与“公正”问题，人性以及人的存在状况自然是我们要高度关切的前提和基础。幸福作为一个派生性概念，它取决于幸福主体的性质，即对人之为人的前提预设。如果我们设定人是理性的、善的存在，那么，理性愈居主导，个体愈符合善的本性、远离恶的行为，就愈像苏格拉底那样感到幸福。相反，如果预设人是非理性的、欲望—恶的存在，那么欲望的满足，如金钱的获得（金钱欲）、权力的擢升（权力欲）、名誉的获得（名誉欲）……才能唤起内心的幸福感。[②]

众所周知，人性是复杂的，要剖析并准确把握人性谈何容易。因此，我们需要借由对人的基本属性的了解，进而把握人的本质所在。一旦对人的本质有了基本的认知，便可对人的存在状况及其发展态势进行更为明晰的把握。好在前人的研究已经给予了富有价值的借鉴和引领，费尔巴哈指出：人自己意识到的人的本质究竟是什么呢？或者，在人里面形成类，即形成本来的人性的东西究竟是什么呢？就是理性、意志、心。[③]费尔巴哈的观点有他自身的认识基础和出发点，但缺乏对于人性和人的本质的严格区分。马克思对人性和人的本质有着清晰的界分和表述：自由的有意识的活动恰恰就是人的类特性。人的本质不是单个人所固有的抽象物，在其现实性上，它是一切社会关系的总和。

其二，必须高度关注人的需求多样性。人性是复杂的，人的本质的内在性更难以把握，但在现实生活中，它们往往能够通过人类生活的诸种形态和方式不同程度地显现出来，而人的需求的多样性则是人的本性的最直接呈现。进一步看，人的需求的多样性不但能够体现人性的复杂性，而且是人性多样性得以实现的基本途径。从现实的角度看，与其说我们关注人性及其基本属性的复杂性，不如说我们更为注重在此基础上的人的需求多样性。因为，在现实中，人们需要通过对自身种种需求的满足，实现人的诸种属性和要求；而社会则必须借助诸种制度和政策的力量来满足人的需求，如此也才能显示出它的存在价值和意义。那么，诸如对于“幸福”的追求、对于“公正”的关注，都无不体现

---

① 高清海：《论人的“本性”——解脱“抽象人性论”走向“具体人性观”》，《社会科学战线》2002 年第 5 期，第 222 页。

② 高山奎：《论幸福的人性基础及其政制前提》，《理论探讨》2016 年第 1 期，第 65 页。

③ 费尔巴哈：《基督教的本质》，荣震华译，北京：商务印书馆，1984 年版，第 30-31 页。

人们基于人性的内在需求指向。恩格斯在《共产主义信条草案》中指出：每个人都追求幸福，个人的幸福和大家的幸福是不可分割的。马克思在记述伊壁鸠鲁哲学思想时意识到：正义不是一种独立存在的东西，而是在互相交往中，在任何地方为了不伤害和不受害而订立的契约。①可见，不论“幸福”还是“公正”的问题，都是人的存在发展不可或缺的组成部分，它们从不同层面体现着人的内在需求。

当然，由于人性的复杂性以及人的属性的多样性，人的需求必然是丰富多样的，有物质上的需求，也有精神上的追求；有基本生存层次上的需求，也有自我价值实现的高级需求。而且，不同时期、不同民族、不同个体的需求又存在着多样性和层次性。为此，一方面，我们应当高度重视人性的复杂多样性，这是基础和前提；另一方面，更需要充分考量每一个体在需求上的多元化选择，力求以更加“公正”的制度机制和社会环境，不断满足主体的多元化需求。如此，方可逐步实现人们对于幸福生活的期望。

4. 以人为本的价值维度

不论是作为人类生活的目标指向，还是作为社会生活的政策导向，“以人为本”的重要性毋庸置疑，但如何在真正的意义上实现“以人为本”，还需要切实把握以下几个基本维度。

第一，“以人为本”的主体维度。在此强调的是以“什么人”为本的问题，我们采取的是一种“普遍主义”的主体价值维度。众所周知，在社会生活中，每个人都有他的存在价值，也都需要在不同层面实现他的需求。而“幸福生活”与“社会公正”，又何尝不是每个社会成员的共同愿望和期求？作为社会主义国家，“以人为本”的主体显然应当是最广大的人民群众，马克思说：人是一个特殊的个体，并且正是他的特殊性使他成为一个个体，成为一个现实的、单个的社会存在物，同样，他也是总体，观念的总体，被思考和被感知的社会的自为的主体存在……因而，我们不但要重视每一个体的独特需求，更应重视社会成员的共性化要求，马克思幸福观的一个基本价值要求就是所有人共同享受

① 马克思、恩格斯：《马克思恩格斯全集》第40卷，中共中央马克思恩格斯列宁斯大林著作编译局译，北京：人民出版社，1982年版，第34页。

大家创造出来的福利。[①]当然，在我们注重“普遍幸福”目标追求的同时，还应充分考量人的存在状况的复杂性，应当对不同区域、不同行业以及不同层次人员的现状和需求有所了解并区别对待，兼顾“普遍性”诉求与“特殊性”需求的统一，力求实现在公正基础上的全民共享的“普遍幸福”。马克思所理解的人类幸福就是在真正的共同体的条件下，各个人在自己的联合中并通过这种联合获得自己的自由。[②]

第二，“以人为本”的客体维度。该维度侧重于以人的“什么”为本的问题，关注的是“以人为本”的客体指向。首先，我们应当高度关切主体的需求和愿望。前已述及，人的属性和需求是丰富多样的，因此，要为民众创造真正意义上的幸福生活，了解其多样化、层次化的真实需求是前提。由于人性的多样性以及个体的差异性，加之时代条件、生存环境和生活方式的不同，每一个体的需求和愿望都有所不同。在此，充分了解和把握不同社会阶层和群体的利益诉求，尊重每一个体的要求和意愿，是提升民众幸福感的前提。其次，要提供多样化的社会生活要素，最大限度地满足主体的多样化需求。在现实生活中，人们不仅需要基本的物质生活要素，也需要丰富的精神生活要素；需要和谐的人际氛围，更需要优良的制度环境。现实状况表明，民众多样性需求的满足，必须基于社会生活多样化要素的供给，包括经济的、政治的、文化的、法律的、生态的等诸多要素的提供。而所谓“以人为本”的客体维度，其意向所指便是强调对民众所需的丰富生活要素的充分关注。

第三，“以人为本”的现实维度。对“以人为本”主体和客体的关注，尚属于理念层面的“纸上谈兵”，要真正落实“以人为本”的价值目标，更为重要的是必须创造“以人为本”的现实条件，在此，我们强调从以下两大方面入手。

其一，重视“以人为本”，实现主体的优质化建构。“以人为本”关涉每一个社会成员，因而，所有公民都有责任和义务参与并发挥自身的作用。进一步说，在推进社会公平正义，进而提升民众幸福感的进程中，各级政府、相关组织、社会团体以及每一个公民都应当高度重视并身体力行。当然，各级政府在其中扮

---

① 中共中央马克思恩格斯列宁斯大林著作编译局：《马克思恩格斯选集》第 1 卷，北京：人民出版社，2012 年版，第 308 页。

② 中共中央马克思恩格斯列宁斯大林著作编译局：《马克思恩格斯选集》第 1 卷，北京：人民出版社，2012 年版，第 199 页。

演着最为重要的角色，从制度的顶层设计到体制的有机建构直至政策的实施，相关政府机构及其组织者和执行者都肩负着极为重要的职责，他们在助推民众生活幸福的过程中担负着义不容辞的主要责任。因而，有关政府部门、组织机构及相关社会团体，都应当高度重视“以人为本”的目标指向，确立明晰的“人本化”工作原则，并以优质高效的处事方式和工作作风，力求为民众的幸福生活提供高品质的生存环境。

其二，注重“以人为本”现实条件的品质化提升。在民众寻求“幸福生活”的过程中，对社会生活条件必然有着多样化的需求，那么，作为人群集合体的国家及其社会组织，便应当通过不同途径和方式力促民众不同愿望和需求的实现。在此，必然涉及“以人为本”现实条件的创设，其中包括经济结构、政治制度、文化氛围以及生态环境等在内的诸多领域的建构和完善，需要各级政府部门、相关社会组织以高度的使命感和责任感，把握时代脉搏、尊重民众意愿，创造性地制定有关的制度和政策，在此基础上，通过不同途径和方式，精心打造满足民众生活需要的物质条件、精神条件和社会条件，不断提升服务民生的高品质生活条件。笔者正是在对上述各个维度高度关注的基础上，确立了相关的研究论题并开展了一系列的理论探讨。需要指出的是，本书对“人本”立场的坚守，对人性问题的关注，以至于对“以人为本”不同价值维度的强调，并不以独立篇章的形式进行连篇累牍的专门阐述，而是呈现出贯穿的一条主线，通过对不同领域问题和对策的探究，来体现我们的价值立场和观念导向。

（二）理论摄入和研究方法

“幸福”与“公正”及其相互关系的问题，是人类社会的根本目标指向和基本价值准则，因而，它不仅关涉人类生活的所有层面，而且涉及社会生活的所有领域。为此，在我们探讨其间存在的种种问题和困境，进而力图寻找解决和改善的途径的过程中，便不可能通过单一的理论和方法去获取合理而有效的结论和对策。况且，人性的复杂性、人的需求的多样性等主体性因素的影响，更要求我们必须拥有开阔的理论视野和学术视域，力求运用多维度的研究视角以及多样化的研究方法去考察现实、探究问题。如此，方可对广阔的社会生活以及复杂的现实境遇有一个较为全面的了解和把握。

基于上述，本书具有突出的综合性色彩，涉及的学科也比较多样化，其中主要有哲学、伦理学、经济学、政治学、社会学、文化学以及生态学等。显然，在论证和分析的过程中，由于所研究的对象以及分析的问题不同，在探讨某一领域或某一主题之时，为了更具有针对性和说服力，需要侧重某一学科的理论和方法，由此而显现出不同学科在理论方法上的差异性和特点；但为了更好地阐发和解决问题，对一些具有普遍性的研究主题和现实话题，单一学科的理论摄入便显得单薄，此时，又需要不同学科之间的交叉和互补。因此，在对本书论题的探究过程中，我们始终将有针对性的单一理论摄入和多学科的理论借鉴有机结合，其目的只有一个，便是实现对本论题更加深入的研究并提出更具解释力和有效性的现实对策。

首先，在对具有根源意义问题的探讨中，笔者侧重于哲学价值论的摄入。诸如在探究“幸福”与“公正”的内涵、幸福的价值维度、公正的价值指向、幸福与公正之间的相互关系，以及它们对于人类生活的价值意义等问题时，哲学价值论的研究视角和方法，对于诠释其中所包含的价值意涵，挖掘其中所具有的价值意义，有着不可替代的作用。而在对不同幸福观和公正观的比较中，我们既注重一般哲学、伦理学、政治学、文化学等理论和方法的运用，更强调马克思主义基本理论方法的引领作用。其中，不但以马克思主义的幸福观和公正理论作为考察与分析问题的前提和基础，而且，更强调以马克思的人的自由全面发展理论为观念导向和价值坐标。同时，我们还关注中国传统文化与马克思主义理论在“幸福与公正”问题上的思想比较，进而倡导在此基础上的相互借鉴和当代转化。

其次，对于现实生活中的“幸福”和“公正”问题，本书十分重视具体学科理论和方法的介入，并以强烈的“问题意识”推进研究。对于当代社会科学研究而言，特别需要理论研究者具有强烈的“问题意识”，面对当今错综复杂的社会现象，理论工作者尤为应当正视现实、直面问题。而“幸福”和“公正”的问题本就源于生活，其中存在的诸多矛盾和困境，是我们在实际生活中不能回避也无法回避的，因此，我们的研究必须在直面现实、回应问题中有所作为。为此，在论证和分析相关问题时，本书积极借助经济学、社会学、文化学、政治学、伦理学、生态学等学科的具体理论和研究方法，力求富有针对性地解析现实问题、寻找化解对策。

最后，由于社会生活的多元性、现实问题的复杂性，一方面，我们不但需要展开具有广度的考察，更需要拥有深度的探析；另一方面，我们不仅需要有静态的把握，更需要有动态的了解。

三、研究路径与写作架构

本书的综合性特点，要求我们不但应当重视多学科理论方法的运用，而且，对于理念与现实、理论与实践的有机结合更应高度关注。因此，在整个研究过程中，我们既注重相关理念的深入辨析，更强调实践路径的积极探索。

首先，在对相关理论问题的探讨中，为了获得更为深入透彻的思想感悟和观念把握，主要经由两大向度展开研究。一是历时性向度。侧重于对相关思想学说的演进历程、发展脉络、历史类型的梳理。但在此纵向化的梳理中，我们既尊重相关理论自身的发展理路和基本线索，又注意避免“流水账”式的记述。比如对于历史上的“幸福观”和“公正观”的阐述，一方面尊重相关思想主张的观念演进过程和先后承续关系；另一方面，更注重在比较不同思想学说的过程中，以抽丝剥茧的方式，撷取其中的主要精华、探寻其中的演进规律、把握其中的基本价值指向。二是共时性向度。在对基本理论纵向梳理的基础上，对关涉本书论题的主要概念和基本观点，我们又采取了横向比较的方式。一方面，积极借鉴不同时代思想家对于相关概念和观点的基本理解和既有界说；另一方面，更强调将其放在当下的时代条件和社会环境下，展开积极的辨析和有益的对比，力求在这样一种多视角的分析比较中，对主要概念与核心观点予以更为明晰、准确的把握，进而获得一定意义上的观点创新和理论重构。

其次，对于现实问题的探究，我们注重以强烈的“问题意识”带动研究，并通过多学科的介入、多视角的考察、多维度的探析，推进研究的深入。当今中国社会发生的巨大变革，以及由此带来的社会生活方方面面的新情况、新问题，需要人们予以关切和研究。“幸福”与“公正”的问题，是与民众生存状态密切相关的重大问题，其中存在着的诸多矛盾和困境，直接影响着社会的公平度和民众的幸福感提升。环绕“幸福”与“公正”及其相互关系的问题，有许多严峻的现实话题需要我们正视和应对，诸如：“经济发展水平的提升是否必然带来国民幸福指数的提高”？“物质生活水平的显著改善是否意味着民众幸福感的必然增强”？伴随我国改革在广度和深度上的拓展，人们愈发深切地感到，社会财富的增加，并不必然带来社会生活的改善；相反，到了一定程度，若缺乏公平有效的社会机制，则会导致经济发展与幸福指数之间的悖论现象。与此相应，我们还面对着物质条件愈发丰裕的情况下，“文化对于民众幸福感提升的影响”问题。此外，“社会治理、生态环境对于民众生活品质改善的作用”，以及“公共资源分配的公平化程度对民众幸福感的影响”，如此这些十分严峻的问题和境遇摆在我们面前。那么，究竟哪些因素对民众幸福生活的营造产生着主要影响？其中最根本的制约因素又是什么？显然，导致民众幸福感降低或提升缓慢的因素有许多，但最具有决定性作用的因素，是体制和政策规则的公平度。换言之，制度的公正性，不但是具有底线意义的社会支撑，更是实现社会环境良善化治理、民众生活品质提升的重要社会保障。为了获取更加富有现实价值和社会效应的观念和对策，本书着重从以下两大向度拓展相关研究。

第一，注重确立合理化的价值导向。对于当下中国在“社会公正”和“民众幸福”关系问题上存在的诸多现实困境，我们所要抱持的态度应该是——积极地正视和有效地应对，但同时又不可操之过急。众所周知，观念是行动的先导。在寻求应对现实问题的出路和对策之时，首先应当拥有正确的思想理念和价值导向。在此，一方面需要有对相关思想学说的广采博纳，并在取其精华的基础上，探求符合人的全面发展需要的合理价值观念。另一方面应当有效把握党和政府的相关政策主张，并将有关的政治理念和方针政策作为现实对策的价值导向。

第二，着力探寻有效的现实对策。价值理念的确立、思想导向的引领是提出富有针对性和有效性对策的前提，然而，对于实现路径以及相关对策的探索，又是一个极具挑战性并需要付出艰辛努力的过程。在此，有两大最基本的维度应当关注：其一，它应当建立在对当今社会现实充分了解的基础上；其二，需要有对国家相关政策主张的准确理解和有效把握。党和政府提出了“五位一体”的现代化建设总体布局，将经济建设、政治建设、文化建设、社会建设、生态文明建设作为我国全面建成小康社会、实现社会主义现代化和中华民族伟大复兴的战略部署。本书所探讨的“民众幸福”与“社会公正”的问题，显然包含在社会生活的所有领域中，并借由社会生活的不同层面显现其状态和作用。因而，本书将围绕经济生活、政治制度、文化建设、社会发展、生态环境等五大方面展开对现实问题及其对策出路的探寻。党和政府又提出了创新、协调、绿色、开放、共享的发展理念。这一发展理念的提出，不但体现为合乎中国社会发展规律的观念建构，更是中国社会良性发展的目标指向。对于本书论题而言，这一发展理念既是一种价值观引领，也是我们探寻相关对策和出路的政策指向。基于上述研究理路和政策导向，本书展开了积极而有效的对策探索。

围绕研究主题，依循研究思路，本书设定了八章的分论题，分别从不同视角和领域探讨了“幸福与公正”的相关问题。八章的写作结构大致涉及了两个层面的内容。第一个层面，侧重于理论的探讨和观念的确立，主要包括了第一至第四章的内容。这个层面的关注点主要在两个方面：其一是对“幸福观”和“公正观”的既有理论进行梳理和比较，进而对其中的基本概念和观点予以深入辨析，以求更为明晰而准确地把握相关的主要概念和基本观点；其二是在对既往思想学说借鉴吸收的基础上，结合当今社会现实状况，力求确立符合当代社会发展需要的正确价值观念。第二个层面，着力于现实的考量和对策的探寻，包括第五至第八章的内容。这部分的研究，主要基于国家“五位一体”发展战略的考量，大致从经济、政治、文化、社会、生态等五大领域入手，相应地采用了经济学、政治学、文化学、社会学以及生态学的理论依据和研究视角，力求深入细致地分析问题，进而提出富有针对性的对策。

最后，需要说明的是，作为一个历久弥新的重大理论和实践话题，“幸福”与“公正”及其相互关系的问题，不仅伴随人类社会的产生而出现，至今依然深刻地影响着人类生活的方方面面。进入当代，随着人类生产方式、生活方式以及价值观念发生的巨大变化，社会生活愈发多元而复杂。不同利益群体以及不同社会阶层之间的观念冲突和利益较量愈发激烈，使得社会生态更趋复杂以致失衡，因此，社会成员对于“幸福生活”与“社会公正”的关注和期待必然更加强烈。这进一步表明，对于“幸福”与“公正”问题的探求不但源远流长，而且随着时代的发展和社会的变迁，其迫切性和重要性更加非同以往。而本书的探索，因应于当下社会现实以及民众的生存需要，并由此获得了一定的现实意义和价值所在。但无论从哪个角度说，本书的所思所想，都不过是浩瀚学海之一粟，既微小亦微薄，不足之处在所难免，真诚期望学界同人予以批评指正。

第一章

幸福价值论：一种普遍意义的幸福价值观

纵观历史长河，幸福的观念林林总总，幸福的学说繁复多样，无不反映人们对于“幸福”话题的关注及在幸福价值指向上的异同。显然，有关幸福问题的探讨，在理念层面上，其实质就是围绕幸福的价值观问题而展开的。而其中，必然要涉及幸福的价值存在状态诸问题，诸如幸福的价值构成、价值维度以及价值取向等基本问题。

众所周知，任何当下的价值理念以及由此而来的价值指向，一定都非无源之水、无本之木，在幸福观的问题上尤其如此。当今国人的幸福主张，除了深受本民族思想文化和价值理念的熏陶和影响，也一定都会在不同程度上受到历史上不同民族文化以及不同思想家的观念影响，尤其是在今天这样一个思想高度碰撞和交融的时代里。因此，在我们反思国人幸福观之优劣高下，进而力图确立适合当今社会的优质幸福观之时，回顾和比较历史上的代表性幸福主张不失为一个重要的理性参照维度。

显而易见，不同的时代背景、社会状况以及不同的个体生存状态，都会在一定程度上影响人们幸福观的确立，从而形成不同时代不同个体及同一时代不同个体对“幸福”的认知差异，以及由此而体现出的幸福价值取向的迥异。另外，不可否认的是，虽然时代不同、山水相隔，甚至人种殊异，但其中作为人性所共有的对于“幸福”及“幸福生活”的理解却又不乏共通之处。我们不得不感叹，前人的生活智慧及理性思辨已经赋予后人无数或宏大广阔，或细致入微，或高屋建瓴，或平实素朴的真知灼见。那些鞭辟入里的见解既闪耀着思想者自身独具个性的智慧光彩，又折射出那个时代背景下人们特有的共性化认知。上述种种现象的存在，使得今人不仅需要以谦逊的态度借鉴和吸收前人的幸福理念，从中汲取可资借鉴的幸福智慧，而且还应在梳理和比较相关理念异同的基础上，确立起适合当代人生存发展需要并有助于其寻求幸福生活的价值指向。

需要指出的是，本章对于历史上幸福学说的梳理，目的并不在于做思想史的“全景式”描述，也不沉溺于对代表性幸福观的“流水账式”的记述。尽管，在借鉴“他山之石”的过程中，需要对前人的主要幸福观进行必要的阐述，但着力点在于分析那些代表性幸福观的基本价值立场，进而挖掘其背后蕴含的价值基准以及体现在实践层面的价值指向。换言之，本章是要在梳理代表性幸福观的基础上，着重揭示不同幸福观所关注的基本价值维度及其相应的幸福价值取向，以及不同幸福指向带给后人的深远影响。

第一节　幸福观的主要派别及其价值指向

在中西思想史上，有关幸福问题的探讨源远流长。由于时代条件、社会制度、文化传统、观念旨归的不同，产生出丰富多样的幸福学说。从一般意义上看，各个时代的思想家在提出他们的幸福学说之时，都会受到来自主客观及内外部等诸多因素的影响，因此，就最基本的方面看，主体幸福观的形成会呈现出两个方面的倾向：一是会在不同程度上受到当时社会生活状况的影响，因而产生具有那个时代共同特点的幸福价值观；二是受到个人生活境遇的影响，形成具有明显个人特质的幸福理念。因而，每位思想家或每个思想流派的幸福观，就可能既包含了体现那个时代相近追求的共性化的幸福价值指向，也可能呈现出极具思想家个人旨趣的幸福价值意向。但无论怎样，当一位思想家明确提出了自己的幸福见解时，他的幸福价值观便成为一种思想事实展现在世人面前，并因其思想价值之大小影响着一代又一代的人。

应当看到的是，思想家本人提出的幸福见解，不论是更多主观体验基础上的经验判断，抑或是建立在深刻思辨意义上的理性论断，或许，在当时未必都有着自觉而明晰的所谓“幸福价值指向”，也难以判断其思想主张可能带给后世怎样的影响。但所谓“旁观者清”，尤其随着时代更迭、世事流变，人们在面对业已成为“思想化石”的经典思想理论时，反而会在对不同幸福观的相互比较中，更清晰地看到那些散落在不同时代、不同区域、不同民族的思想学说背后所蕴含的智慧光芒，并从中感受到它带给后人的不同的幸福启示。因而，当今人对幸福学说进行研究时，也才有可能对历史上的幸福观予以一定的分类和评析——虽然，这些后人的评说未必都能恰切地还原其思想的本真。而笔者则要在借鉴前人相关研究的基础上，进一步挖掘不同时代、不同派别的幸福观所包含的价值意蕴，特别要关注不同幸福观在历史与现实的发展过程中所呈现出的价值取向的异同。

从目前的研究成果看，幸福观的派别划分通常有两大类，一是理性主义幸福观，二是感性主义幸福观，其中又包含了多样化的幸福学说。笔者认为，尽管这样的分类具有很大的包容性，不至于使那些代表性观点的归类有太大的偏离，但是，却总感到有些“大而化之”，并因此会使得一些具有突出特质和独特指向的幸福观难以受到关注和重视。换言之，面对人的精神世界的丰富性以及社会生活的复杂性，“理性主义”或“感性主义”的幸福观分类显得过于简单化。一个明显的事实是，当针对一位具体的思想家时，我们会清晰地看到，他往往并不纯粹地强调理性或感性某一方面的幸福取向。因为，人性的复杂性、人的需求的多样性以及现实生活的丰富性，都不可能不在思想者的心灵中留下印记并得到呈现。

因此，在探究先贤幸福思想的过程中，我们面对的是一种无法避免的困窘：既无法确切了解其思想背后的历史真相，更难以充分还原思考者个体的思想本真。对于思想的尊重，我们所力求做到的，就是确立一种质朴的人本主义立场——亦即对于人性的尊重，对于人的需求多样性以及人的思想丰富复杂性的重视——这是一种“人同此心、心同此理”的“共情化”认知视角。当我们从人性出发，以人的需求为基点去考量不论哪个时代的幸福学说时，便会发现：思想家们有关幸福问题的见解，既拥有共同人性关怀的基础，同时又包含着丰富多样的考察视角。如此，便不至于因为时代、民族及文化的隔阂，而产生太多理解上的偏离甚至歪曲。有鉴于此，对于幸福观的派别划分便可有更加多样化的类型和角度，进而使之展现出其所包含的更为多元化的价值维度和价值指向。那么，除了通常提到的理性与感性的幸福观，我们还可相应地划分出个体化和群体化的幸福观、积极与消极的幸福观等。

一、理性主义幸福观——精神化的幸福价值取向

理性主义幸福观，是一种基于精神维度的幸福价值观。主张者们通常强调人的理智或理性对于获取幸福生活的重要性，重视精神的享受，看重灵魂的自由，强调德性的品质。

在中国传统思想中，直接论及幸福的观点并不多，但在有关人生观的阐述中，则时有涉及人生幸福的观点。儒家幸福观的主要特点之一，就是对于精神层面的追求重于物质享受，对于高尚品格的关注重于世俗功利的享乐。儒家代表人物孔子，虽说在一定意义上并不完全摒弃物质层面上的生活感受，但相比之下，更重视人的精神追求和品德修养，最突出的就是那种“安贫乐道”的精神化取向，所谓“孔颜之乐”——他对弟子颜回生活简朴却不失平和心态和高尚情操的追求十分赞赏：“贤哉，回也！一箪食，一瓢饮，在陋巷，人不堪其忧，回也不改其乐。”由此亦体现了他自身对于人生幸福的精神取向。孔子对于物质生活的淡化，并非为贫穷而贫穷，而是在物质享乐与精神品性之间有所取舍和选择，同时更重视精神化的清高追求，子曰：“饭疏食饮水，曲肱而枕之，乐亦在其中矣。不义而富且贵，于我如浮云。”所以“士志于道，而耻恶衣恶食者，未足与议也”，以及“君子谋道不谋食。耕也，馁在其中矣；学也，禄在其中矣。君子忧道不忧贫”。为了实现高远的精神目标，甚至可以达到“朝闻道，夕死可矣”的境界。

此外，儒家的其他代表人物孟子、荀子等也在不同层面和角度上体现出幸福观上的精神化趋向。孟子从性善论出发，把仁、义结合起来，认为人生来就具有“恻隐、羞恶、辞让、是非”四种善端，这些善端扩而充之，就发展成仁、义、礼、智四种美德。人通过“思诚”即反省自身，达到至诚的境界，通过“养气”即养成谨守道义、凡事不动心的浩然之气，就可以达至幸福境界。

荀子从性恶论出发，提出通过“化性起伪”的方法，改变、矫正人之恶的本性，发展善性，从而达至幸福。《荀子》：“生之所以然者谓之性。性之和所生，精合感应，不事而自然谓之性。性之好、恶、喜、怒、哀、乐谓之情。情然而心为之择谓之虑。心虑而能为之动谓之伪。虑积焉、能习焉而后成谓之伪。正利而为谓之事。正义而为谓之行。”在荀子看来，人之初，性本恶，优秀品质是通过

后天教育和环境影响形成的。在处理满足物欲与道德修养的关系问题上，他主张节制欲望与引导欲望。他认为，人的自然欲望不能完全根除，也不能完全满足，但可以通过理智来调节。

相较于中国传统思想中的幸福观，西方的幸福学说也源远流长、丰富深厚，而理性主义幸福观最具有代表性。古代的代表人物有赫拉克利特、苏格拉底、柏拉图、亚里士多德等，近代有笛卡儿、康德、黑格尔等。赫拉克利特有句名言："如果幸福在于肉体的快感，那么就应当说，牛找到草料吃的时候是幸福的。"斯多葛学派则指出：在宇宙中，理性或神是伟大的，物质的东西是渺小的，现实世界的幸福生活毫无意义，人生的目的绝不在此，而在于让自己的灵魂去追求永恒的逻各斯或神。[①]

古希腊最著名的三大哲学家的幸福观，体现出典型而富有深度的理性幸福观。苏格拉底是一位物质生活条件极为贫乏的哲学家，但他并不为此而烦恼，相反，却能在极为微薄的收入下，过着无忧无虑的幸福生活。苏格拉底十分强调人的一个最重要的德行——自制。苏格拉底以为，通过节制欲望，克制消费，不仅可以锻炼思想意志，提升道德情操，还可以实现更多的满足，获得更大的幸福。他说：唯有自制才能给人带来最大的快乐。不能自制就不能忍饥、耐渴、克制情欲、忍受瞌睡，而这一切正是吃、喝、性交、休息、睡眠有趣的原因。在经过了一段期待和克制之后，这些事才能给人以最大的快乐，而不能自制则恰恰阻碍了人们对于这种值得称道的最必要和最经常的乐趣的享受。[②]显然，自制是理智的产物，自制力的拥有必须在理性的长期支配下才能真正培养起来。

柏拉图基于其"理念论"的本体论思想，强调最高的善的理念对于人们获取幸福的重要性。人们应当把追求最高的善，看作是抵达神性的幸福的唯一途径。[③]他认为，每个人不论在私人生活中，还是在公共生活中，都应该抛弃一切，先追求德性的实际。此外，他反对人们去追求现实生活中的快乐，明确指出，人生在世，最为重要的目标，就是要将灵魂与肉体相分离，并力求使灵魂

---

① 高文新：《欧洲哲学史专题研究》，长春：吉林人民出版社，1994 年版，第 101 页。

② 色诺芬：《回忆苏格拉底》，吴永泉译，北京：商务印书馆，1984 年版，第 172 页。

③ 田照军：《大学生幸福观的认识与建构》，东北师范大学 2009 年硕士学位论文，第 3 页。

得以升华。[1]柏拉图的幸福观具有显著的禁欲主义色彩，在他的“理念论”思想的主导下，他轻视甚至否定感官欲望的真实可靠性，提倡对物质欲望的摒弃，强调把一切的希望寄托于确实可靠的“理念世界”。亚里士多德是西方伦理学史上最伟大的思想家之一，他的伦理思想被后人冠以“幸福论”之美称。亚里士多德的幸福观与苏格拉底和柏拉图有着相似之处，那就是同样十分重视将幸福与德性相关联。然而，他的幸福论又有其独特之处，不仅在理念上具有突出的德性论、目的论色彩，而且其幸福观还具有强烈的实践性特征，重视幸福观的现实化手段和方法以及德性化的幸福生活的长久性和持续性。亚里士多德幸福观最为突出的特点，就是认为幸福必须建基于德性的实现之上，他认为，物质享受以及荣誉和名声，都不是获得幸福的必备条件，幸福来源于合乎德性的现实活动。那么，行为如何算得上有德性？亚里士多德主张应当从人所特有的功能入手，他指出：我们可以把人的功能看作某种生命形式，它是灵魂的实现功能，是合乎理性的活动。因此，人的善就是合乎德性而生成的灵魂的实现活动。[2]由此可见，亚里士多德的幸福观，重在强调德性与幸福的关系，被后人看作是“德福统一论”的代表性观点。

康德是近代理性幸福论的主张者，作为高扬理性旗帜的哲学家，康德特别强调理性在人生幸福寻求中的重要性。他认为，由于“纯粹意志”的支配作用，人不会也不能只满足于感官欲望和世俗幸福的获取，他应当有更为崇高的理想性的追求，人是为了另外的更高的理想（理性的最高实践使命就是树立善良意志）而生存，理性所固有的使命就是实现这一理想，而不是幸福，它作为最高的条件，当然远在个人的意图之上。[3]对于德性与幸福的关系，康德有着明晰和坚定的主张：纯粹实践理性并不希望人们放弃对于幸福的要求，而只是希望一旦谈到职责，人们应当完全不瞻顾幸福。[4]

概括地说，理性主义幸福观具有如下特点：其一，重视精神层面的感受，提倡德性化的幸福价值取向；其二，排斥感官层面的享受，主张对感性欲望的节

① 周辅成：《西方伦理学名著选辑》（上卷），北京：商务印书馆，1987年版，第212-213页。

② 亚里士多德：《尼各马科伦理学》，苗力田译，北京：中国社会科学出版社，1999年版，第13-14页。

③ 康德：《道德形而上学原理》，苗力田译，上海：上海人民出版社，2002年版，第11页。

④ 康德：《实践理性批判》，韩水法译，北京：商务印书馆，1999年版，第101页。

制；其三，关注幸福感受的恒定性，反对及时行乐的短暂幸福感。

二、感性主义幸福观——物欲化的幸福价值取向

相较于理性主义幸福观，感性主义幸福观偏重于感官上的快乐追求，注重物质欲望的满足，同时，更强调感官享受的即时性和短暂性。而且，感性主义幸福观把对快乐的追求看作是人生幸福的终极目的。当然，感性幸福观的代表人物并不都是只强调感官快乐的，对于心灵或灵魂的安宁追求亦不乏其人。

在中国传统幸福观中，虽然对于精神层面的追求占据主流地位，但亦不乏重视物欲享受的感性取向的幸福观，一般将其定义为享乐主义的幸福观。

西晋鲁褒著《钱神论》，通过司空公子与綦毋先生两个虚拟人物的对话，讥讽了金钱崇拜、物欲为上的世间百态与社会风气。一方面，书中生动描述了“金钱”的直观形态及其对于人们身份地位的影响：钱之为体，有乾坤之象。内则其方，外则其圆。其积如山，其流如川。动静有时，行藏有节。市井便易，不患耗折。难折象寿，不匮象道。故能长久，为世神宝。亲之如兄，字曰“孔方”。失之则贫弱，得之则富昌。无翼而飞，无足而走。解严毅之颜，开难发之口。钱多者处前，钱少者居后。处前者为君长，在后者为臣仆。君长者丰衍而有余，臣仆者穷竭而不足。另一方面，更道出了金钱对于人生际遇以及社会生活的现实影响：凡今之人，惟钱而已。故曰：军无财，士不来；军无赏，士不往。仕无中人，不如归田。虽有中人，而无家兄，不异无翼而欲飞，无足而欲行。

中国哲学家中比较典型的享乐主义代表人物为杨朱。杨朱的基本主张是把追求个人的快乐看作人生的真正幸福。《列子·杨朱》包含着较为系统化的享乐主义思想：“人之生也奚为哉？奚乐哉？为美厚尔，为声色尔。”“恣耳之所欲听，恣目之所欲视，恣鼻之所欲向，恣口之所欲言，恣体之所欲安，恣意之所欲行。”总之，就是“为美厚尔，为声色尔”。显而易见，杨朱毫不避讳其对个人欲望和快乐的追求，高调宣扬人生之目的就是享乐。

应该看到，在中国传统思想中，幸福的价值取向还是以精神追求为主流，像《钱神论》《列子·杨朱》所透露出的偏重物质取向或享乐主义倾向者相对较少。

一方面，以儒家思想为主导的传统中国社会，更为倡导以德性修养为人生取向的生活态度；另一方面，在强大的儒道佛三家思想学说的笼罩下，即使人们有着强烈的物欲需求和享乐追求，也要么以隐性的方式来表达，要么以自我实践的方式来呈现。在中国民间的生活实践中，及时行乐、注重享乐的生活哲学从来都不缺乏。

在西方，感性主义幸福观有着久远而深厚的历史传承，在古代，主要代表人物有德谟克利特、伊壁鸠鲁等，近代有洛克、霍布斯、莱布尼茨、边沁等。这一派幸福观的共同点，在于把趋乐避苦当作人的本性，认为幸福就是追求感官的快乐、避免身心的痛苦。

西方感性主义幸福观的创始人是德谟克利特，他的幸福观又被称作“节制的快乐主义”。他指出：对人而言，最好的是能够在一种尽可能愉快的状态中生活，并且尽可能少受些痛苦。[①]他认为，肉体的快乐远远胜于灵魂的快乐，肉体的痛苦远远比灵魂的痛苦更难受。[②]他又说：“一生没有宴饮，就像一条长路没有旅店一样。”然而，他并不赞成情欲的放纵，因为人们通过享乐上的有节制和生活的宁静淡泊，才能得到愉快。他指出，不应当追求一切种类的快乐，而应该只追求高尚的快乐，大的快乐来自对美的作品的瞻仰。[③]显然，德谟克利特的有节制的快乐主义具有一定的合理性。

作为古希腊感性主义幸福观的代表人物，伊壁鸠鲁则把快乐等同于幸福，把快乐说成是人类生活的出发点和最终目的。在论证快乐问题时，伊壁鸠鲁从快乐的反向视角来判定快乐：快乐的量的极限，就是消除一切痛苦。他还进一步说：当我们说快乐是终极目标时，并不是指放荡者的快乐和肉体之乐，他认为，快乐就是身体的无痛苦和灵魂的不受干扰。人们应当为了肉体的健康和灵魂的平静来考虑一切取舍。[④]由此可见，伊壁鸠鲁的幸福生活目标，是建立在对于肉体痛苦的摆脱和灵魂宁静的双重追求之上的，而在此意义上获得的快乐，便是人生的幸福所在。

---

① 北京大学哲学系外国哲学史教研室编译：《古希腊罗马哲学》，北京：生活·读书·新知三联书店，1957年版，第114-115页。

② 苗力田：《古希腊哲学》，北京：中国人民大学出版社，1989年版，第230页。

③ 周辅成：《西方伦理学名著选辑》(上卷)，北京：商务印书馆，1964年版，第81-84页。

④ 周辅成：《西方伦理学名著选辑》(上卷)，北京：商务印书馆，1964年版，第92-104页。

经过对中世纪禁欲主义幸福观的批判和超越，17 世纪的洛克再次高举“快乐主义”的大旗，提出“趋乐避苦”的幸福观。他认为：极度的幸福就是我们所能享受的最大的快乐。[①]莱布尼茨十分赞同洛克的主张，进而表达了他的快乐主义幸福观：幸福就其最广泛范围而言，就是我们所能有的最大快乐。他指出：幸福是一种持续的快乐，而快乐只是走向幸福的一步和上升的一个阶梯。另外，虽然莱布尼茨也赞同幸福与快乐的密切关系，但他又有别于洛克，莱布尼茨看到理性之于幸福的重要意义：理性和意志引导我们走向幸福，而感觉和欲望只是把我们引向快乐。[②]

边沁把感性主义幸福观发展为功利主义幸福观，他认为，作为自然界的产物，人的本性都是趋乐避苦的。进而他提出追求“最大多数人的最大幸福”的命题。首先，他指出，趋乐避苦是人类行为的原动力：自然把人类置于两个至上的主人——快乐与痛苦——的统治之下。只有它们两个才能够指出我们应该做些什么，以及决定我们将要怎样做。在它们的宝座上紧紧系着的，一边是是非标准，一边是因果的连环。[③]其次，他从功利主义的视角，明确指出功利与幸福的密切相关性，边沁说：功利是一个抽象的术语，它表达一个事物使某些恶不能发生或导致某些善发生的性能或倾向。恶即痛苦，或痛苦的原因；善即快乐，或快乐的原因。凡与某一个人的功利或利益一致的事物，即为有助于增加个人幸福总量的事物。[④]功利主义者穆勒（Mill，也译为密尔）也直截了当地表达了他的快乐主义的主张，他说：幸福是指快乐与免除痛苦，不幸福是指痛苦和丧失愉快。[⑤]

综上所述，感性主义幸福观具有以下特点：一是过度寻求身体感官的享受，相对弱化精神层面的追求。二是偏重于自我快乐的满足，淡化社会责任的担当。三是满足于即时性的短暂幸福感，忽视幸福感的稳定性和恒久性。

---

① 罗国杰、宋希仁：《西方伦理思想史》（上卷），北京：中国人民大学出版社，1985 年版，第 91 页。

② 莱布尼茨：《人类理智新论》，陈修斋译，北京：商务印书馆，1982 年版，第 188-189 页。

③ 周辅成：《西方伦理学名著选辑》（下卷），北京：商务印书馆，1987 年版，第 210-211 页。

④ 边沁：《立法理论》，李贵方，等译，北京：中国人民公安大学出版社，2004 年版，第 2-3 页。

⑤ 穆勒：《功用主义》，唐钺译，北京：商务印书馆，1957 年版，第 7 页。

三、个体化与群体化的幸福价值取向

所谓个体化或群体化的幸福观，指的是在对幸福问题的理解尤其在幸福的价值取向上，人们对幸福主体的关注，更多的是侧重于个体还是群体，更重视个体的利益需求和心理需要，还是更多地着眼于群体化的利益诉求和生存需要。个体化取向显然更在意个体的利益获取和幸福感受，而群体化取向则更突出群体的和公众的利益需求和幸福感受。在中外思想史上，幸福价值取向上的个体化和群体化的主张者均不乏其人，只是所谓个体化或群体化的价值理念和价值指向，往往并非单一性的观念主张，而是交织或蕴含在其复杂的“幸福观”之中。换句话说，不论是理性主义还是感性主义的幸福观，其中又都包含着或个体化或群体化的价值取向，呈现出多样性的考量视角，有必要进一步比较分析。

1. 个体化的幸福价值取向

在中国传统思想中，倾向于个体化取向的幸福理念相对不占主流，而其中最有代表性的则是杨朱的幸福观。《列子•杨朱》毫不讳言地提出：“十年亦死，百年亦死。仁圣亦死，凶愚亦死。生则尧舜，死则腐骨；生则桀纣，死则腐骨。腐骨一矣，孰知其异？且趣当生，奚遑死后？”“禽子问杨朱曰：‘去子体之一毛以济一世，汝为之乎？’杨子曰：‘世固非一毛之所济。’禽子曰：‘假济，为之乎？’杨子弗应。”“古之人损一毫利天下不与也，悉天下奉一身不取也。人人不损一毫，人人不利天下，天下治矣。”因此，杨朱被称为“极端的个人主义者”。

作为道家重要代表人物的庄子，一方面，他在哲学本体论的层面上与老子一脉相承，将“道”视为宇宙万物的本源，以及决定世间万物变化发展的根基；另一方面，他在继承和发展老子“道法自然”观点的基础上，在人生观上又独具一格，注重自我理想并追求独立人格，他的生命哲学以及人生目标具有明显的个体化倾向。他主张“保身全生”。《庄子》：“吾生也有涯，而知也无涯，以有涯随无涯，殆已！”“若夫乘天地之正，而御六气之辩，以游无穷者，彼且恶乎待哉！故曰，至人无己，神人无功，圣人无名。”显然，庄子十分重视个体生命的自我保全，崇尚个体自由自在之生存状态。我们在看待庄子的幸福理想人格时，不能将其置于具体生活背景中讨论其是否具有可操作性，因为他不像儒家的道德规范那样旨在帮助个体在社会中角色扮演的成功，其根本目的在于确立本真、自由，超越现实的“吾”。[①]

伊壁鸠鲁是西方个体化幸福观的主要代表人物之一。伊壁鸠鲁的幸福观以其原子论的本体论主张为基础，指出人与社会的关系犹如原子与世界万物的关系：既然原子是万物的基础，宇宙起源于原子，那么个体的存在必然优先于整体，个体的需求必须首先引起重视。因而，他提倡并追求在满足个人合理欲望基础上的幸福生活，伊壁鸠鲁说：快乐是幸福生活的开端，因为人们认为快乐是首要的好，以及天生的好。我们的一切追求和规避都开始于快乐，又回到快乐。[②]此外，伊壁鸠鲁的幸福观在着重关注个体幸福的同时，又有着对于个体幸福状态的探讨，追求一种“身体的无痛苦和灵魂的无纷扰”的人生状态。

边沁作为功利主义幸福观的重要代表人物，他所提出的“最大多数人的最大幸福”的幸福原则有着一定的社会性取向，但在其功利主义思想的深处，却始终将个人的快乐、幸福和利益摆在首要位置，因此，其幸福主张具有明显的利己主义色彩。为了弥补这一思想主张上的矛盾，他说：如果这里的当事者指整个社会，那么幸福就是社会的幸福；假如是具体指一个人，那么幸福就是那个人的幸福。[③]在边沁看来，每一个产生幸福的行为在道德上都是有价值的，而人的自私性和寻求大多数人幸福的目标追求可以在功利原则下得到统一，从而实现人类的最大幸福。在他的理论体系中，对他人利益、社会利益的说明，是对个人利益保护的一个掩饰，他肯定的是个人比社会更重要，个人利益比社会利益更有效，利己主义比利他主义更现实。因此，边沁以幸福、快乐为诱饵，在个人与社会之间转来转去，最后又转回到利己主义幸福论的老路上。[④]

---

① 向群：《庄子幸福观研究》，山东大学 2011 年硕士学位论文，第 40 页。

② 伊壁鸠鲁、卢克来修：《自然与快乐：伊壁鸠鲁的哲学》，包利民、刘玉鹏、王纬纬译，北京：中国社会科学出版社，2004 年版，第 32 页。

③ 周辅成：《从文艺复兴到十九世纪资产阶级哲学家政治思想家有关人道主义人性论言论选辑》，北京：商务印书馆，1966 年版，第 583 页。

④ 秦建：《穆勒功利主义幸福观研究》，燕山大学 2014 年硕士学位论文，第 28-29 页。

2. 群体化的幸福价值取向。

以儒家思想为主流的中国传统文化，在幸福的价值取向上呈现出显著的群体化指向，《大学》里有一段经典的话，很能够体现这种幸福价值观："物格而后知至，知至而后意诚，意诚而后心正，心正而后身修，身修而后家齐，家齐而后国治，国治而后天下平。"后人简述而成"修身、齐家、治国、平天下"。这一说法，集中地体现出儒家对于天下、国家、社稷的重视和关怀。而且，虽然出发点是个体的格物致知、修身养性，但最后的落脚点和价值目标却是天下国家，这在很大程度上折射出以儒家思想为主导的中国传统文化，对于幸福人生的群体化目标追求。墨家的观点也体现出明显的群体化取向，墨子的"兼爱说"认为，人生的目的是谋取大众的安宁幸福，《墨子》："视人之国若视其国，视人之家若视其家，视人之身若视其身。是故诸侯相爱，则不野战；家主相爱，则不相篡；人与人相爱，则不相贼……凡天下祸篡怨恨可使毋起者，以相爱生也，是以仁者誉之。"因此，墨子的幸福观被称为"唯众的幸福主义"。

与中国传统思想"集体本位"的主流不同，西方思想文化是以"个体本位"为主导的，具有突出的个人主义倾向。以古希腊思想为起点，到文艺复兴时期对"个性解放"的高度提倡，再到现代资本主义社会对"个性"与"自由"的进一步宣扬，使得"个体性"成为西方思想的典型特征。但在西方思想史中，亦不乏具有"利他主义"精神的思想家。功利主义的主要代表人物穆勒，在有关"幸福"的观念以及价值取向上，有着明晰而系统的"利他主义"论述，展现出一定程度上的"群体化"幸福指向。他说：幸福是一种利益，各人的幸福是他自已的利益，因而社会幸福是一切人的集团的利益。此外，在论证个人幸福与社会幸福的关系上，穆勒十分注重二者的统一，他强调在个人幸福与人类幸福有所冲突时，应当以人类整体幸福为重，在必要的情况下，甚至不惜牺牲个人幸福。同时，他也指出，这种牺牲并非盲目而无谓的。穆勒认为：人能够为别人的幸福或别人幸福的某些工具而牺牲（别人指人类全体，或人的集团利益所规定范围内的人），只有这种舍身才可以得到功利主义道德观的赞美。[①]显然，穆勒的功利主义幸福观有着鲜明的利他色彩，体现出功利主义者中难能可贵的道德境界。

① 穆勒：《功用主义》，唐钺译，北京：商务印书馆，1957年版，第18-38页。

四、积极与消极的幸福价值取向

在现实生活中，任何个体要获得幸福生活，都必须经过自身的努力和争取，垂手而得的所谓幸福生活是短暂而虚幻的。进一步看，每个人的幸福感高低，除了外在客观条件的多寡好坏外，更多地取决于他（她）所拥有的主观心态，所以人们常说“态度决定一切”。按照社会成员为人处世的态度，在一般意义上可以分为两大类人群：一类是拥有积极心态因而能够主动作为的人；另一类则是充满消极心理从而事事被动、无所作为之人。由此而使得他们的人生呈现出完全不同的状态。在通常情况下，往往是拥有积极心态者获得的生活幸福感高于消极心态者，积极作为并不断改变现状的人能够获得幸福生活的可能性大些。但实际情况又不完全如此，因为人性是复杂的，人的需求是多样多变的，且不同的人所拥有的人生观、价值观不同，加之社会生活的复杂性和严峻性，又常常带给人的生活以不同的影响，从而可能导致积极有为者辛劳却并不幸福，而消极无为者轻松但却获得怡然自得的人生。在中国思想史上就存在着极具代表性的两类幸福主张。

其一，积极的幸福价值取向——以儒家幸福观为代表。在中国传统文化中，儒家的人生观最能够体现积极进取、刚健有为的人生态度，无论是对于国家、社稷，还是对于家庭、个体，都主张以积极有为的态度入世而进取。诸如“生于忧患而死于安乐”，强调具有面对社会生活的忧患意识和摒弃享乐的责任意识。“士不可以不弘毅，任重而道远”，提倡人生在世应当拥有志向和抱负，要有所担当和作为。“仰不愧于天，俯不怍于人”，警示世人应当具有高尚品德、良善作为，以无愧于天地人心。于是，秉承儒家人生观者，对于生活的态度往往便是积极进取而励精图治的，并且重视现世的抱负和成就。如此人生态度及其价值指向，一方面，可使主体由此获得成功的愉悦感和有所作为的幸福感；但另一方面，也可能因为过于强烈的责任感和使命感，使得主体的身心承受过于沉重的压力，而在一定程度上又降低了其幸福感。

其二，消极的幸福价值取向——以道家幸福观为代表。道家的人生观与儒家截然相反，即崇尚自然、返璞归真，主张无为处世、逃避现实生活，在幸福的价值取向上呈现出消极遁世的态度。老子主张，圣人以“无为”处世，一切顺其自然，去智绝欲，过自然的生活，鸡犬之声相闻，老死不相往来，那样就会天下大治，人人都能过上幸福生活。老子曰：“绝圣弃智，民利百倍；绝仁弃义，民复孝慈；绝巧弃利，盗贼无有。此三者，以为文，不足。故令有所属：见素抱朴，少私寡欲。”他认为，要达到无为境界，就要守弱，坚强有害，柔弱有益，柔弱能胜刚强。在欲望满足与幸福感的关系上，老子主张清心寡欲，要求人们把欲望降到最低限度，如此才能获得轻松怡然的幸福人生。

庄子的理想人生主要体现在以下几方面：一是无情，即不动感情，心境平和，不为喜怒哀乐所困扰，不以好恶而伤身。二是无己，即逍遥游境界，自由自在，无拘无束，无牵无挂，“至人无己，神人无功，圣人无名”。既不考虑自己，也不追求功绩，还不追求名誉。三是无所待。庄子认为，“至人”并不凭借别的东西，而是凭借天地之正气在宇宙中遨游，所以无所依傍与企求。四是无用。要把自己当成一块废料，没有任何实际用处。一般人能知有用之用，而不知无用之用。无用反有大用，这就是保存自己、享受逍遥自在的幸福生活。庄子在寻求逍遥自在之人生状态的同时，对以儒家思想为主导的过度进取及刻意追求功名利禄的人生态度十分反感，他主张消极无为的生存状态。①

显然，道家的人生观，较为忽视以至否定主体积极作为的意义，属于安命顺性的天福观，在相当程度上体现为一种消极幸福观。但它主张对物质财富、生死寿夭、贵贱达穷、外在环境都持淡泊态度，注重心灵的沉静，关注那些符合人之本性的、内心的幸福，这在拓展人的心灵空间、提升人的精神境界方面，有其特别的价值。②

① 方勇评注：《庄子》，北京：商务印书馆，2018年版，第396页。

② 熊月之：《历史长河中的“幸福观”》，《解放日报》，2012年10月19日第017版。

第二节　幸福价值取向的多样性及其影响*

一、幸福的复合价值维度及其意义

（一）“幸福”与“幸福感”之辨析

在有关“幸福”问题的探究中，比较集中涉猎的学科主要有哲学、伦理学、心理学、社会学、经济学等，不同的学科其关注点和侧重点有着明显的差别，因而，对于“幸福”这一独特社会现象的考量角度和诠释程度也有所不同。相对而言，哲学层面的考察最为宏阔亦最为根本，其所给予的界定也最具实质性和恒久性，而其他学科的阐释则各有自身的侧重点和特色。当然，任何一个学科和角度的界说都存在着一定的局限性。

在此，首先需要探析的是幸福观的一对最为基本的概念：“幸福”与“幸福感”。“幸福”与“幸福感”是紧密相关却又难以辨明的两个概念。在观念上，它们边界模糊，常常被替换使用，在现实中，更是相互混淆而难以区分。但不论是从学理上还是从实践中看，我们都需要对二者做一番梳理和辨析，以便在厘清其间含义和特点之差异的基础上，把握“幸福”的真正要义。

从哲学层面上看，无论对于个体还是社会而言，“幸福”都是具有终极性的目标所在，是人生在世所作所为的根本价值目标，如亚里士多德所言，幸福是一切事物中的最高选择，我们不能将它与其他的善事相混同。幸福是完满和自足的，它是行为的目的。①在亚里士多德的伦理思想中，幸福就是最高的善，是人生的终极目的。因此，在学理上，我们可以给“幸福”这样的一种界说：“幸福”是对人的生存状态的质的维度的根本设定，是对人的存在意义的本质考量，是人们在理性观照基础上才可能获得的对于人的生存意义的实质性评价。因而，

---

* 吴沁芳：《论幸福取向的偏离及其价值纠偏》，《中州学刊》2016 年第 6 期，第 95-99 页。

① 亚里士多德：《尼各马科伦理学》，苗力田译，北京：中国社会科学出版社，1999 年版，第 13 页。

面对人的存在及其价值意义，“幸福”显然是个具有突出哲学意蕴的概念。

“幸福感”则相对属于心理层面的感受，是主体对于生活感触的直观、具体的判断，体现为主体对于生活状态的感性层面的认知和把握。在现实中，“幸福感”凸显为人的身心体验和感受，常常与“快感”“满足感”等混同，带有个体性、短暂性和即时性的特点。因此，对于具体的主体而言，“幸福感”常常表现为多变的、不确定的以及瞬间性的状态，缺乏对主体真实生活状况的可靠而持久的证实，因而，它只是作为主体“幸福与否”的某些方面的表现形式来呈现。虽然，主体“幸福与否”需要借由“幸福感”来体现，但并非“幸福感”的简单相加就构成了主体的“幸福生活”，何况，所谓的“幸福感”又常常与快乐的拥有、欲望的满足难以界分。

由此可见，对于“幸福”，显然应当更关注其哲学层面上的意义；而对于“幸福感”，则可相对侧重于心理学层面的分析。相应地，这又构成了“幸福”与“幸福感”在特点上的明显区分：理念性的与直观化的、抽象的与具体的、内在的与外化的、持久性的与短暂性的、稳定的与多变的、深刻的与浅表的、目标指向与表现形式等。甚至有学者认为：幸福感就像冷热感觉一样，虽然明确但不可分析，因此幸福感不构成问题。幸福只在哲学的意义上才形成问题，就是说，幸福是个哲学问题而不是个心理学问题。关于幸福的问题实际上是关于生活方式的问题，即需要研究的是，什么样的生活方式是有意义的。显然，有意义的生活必定引起幸福感。①当然，对于“幸福感”的现实表现及其存在意义，我们不能忽视也无法否认，因为，抽象意义上的“幸福”理念和追求，毕竟要通过具体直观的“幸福感”来呈现，因此，有学者指出：所谓幸福感，就是对自己客观上已过上好生活的状态进行反思和回味所产生的愉悦感。幸福感是幸福所必不可少的主观要素，有了幸福感，意味着生活客观的好性质已经为个人意识到、感受到。②

概言之，从现实的角度看，“幸福”应当是主体美好人生的目的性状态，它需要在有所经历、有所沉淀、有所依托的基础上才可能真正拥有，具有持久性、

① 赵汀阳：《论可能生活》，北京：中国人民大学出版社，2010 年版，第 21 页。

② 江畅：《幸福：当代社会价值体系的核心理念》，《湖北大学学报（哲学社会科学版）》2011 年第 3 期，第 14 页。

稳定性和深刻性的特点。“幸福感”则是主体种种具体而多变的生活感受，是幸福人生的表现形式或表达方式，常常呈现为多样性、个性化及短暂性的特征。换言之，“幸福”更多应是主体的持续生活状态，而“幸福感”则是主体的种种瞬时性的主观心理体验。从二者的相关性来看，“幸福生活”“幸福人生”是诸种“幸福感”的集合，正是幸福感的累积才会构成人生的幸福状态，因此，“幸福感”的多少又是主体拥有幸福人生的直接体现。当然，相比较而言，“幸福”是对人生状态的一种总体性或概括性评价，“幸福感”则是对生活状态的阶段性或短暂性的判断。在此，真正能够构成对主体持续生活状态准确评价的是“幸福”与否而非“幸福感”的多少，如此，我们的着重点便放在有关“幸福”的考量和探究上。

（二）“幸福”含义的多样性及其基本界定

何谓“幸福”？见仁见智，众说纷纭。古往今来，“幸福”含义的多样性、复杂性，以及“幸福生活”的独特魅力及其难以企及，使得“幸福”成为永恒的话题。也正因“幸福”内涵的歧义性和丰富性，引发每个时代的人们去思考、去探究，进而在实践中去寻求所谓的“幸福生活”。法国学者布吕克内（Bruckner）认为“幸福”这个概念原本就是一道谜题，是永久的纷争之源，是一滩水，能被塑造成各种形态，却没有任何形态能使之枯竭。幸福可以是行为也可以是冥想，是灵性也是理性，是愿景也是结局，是德行也是罪恶。①我国学者赵汀阳亦指出：幸福一直是一个特别含糊的概念，它过于美丽，于是人们喜欢滥用这一概念，而且不分场合，无论是浮华的、轻浮的、认真的还是严肃的场合，以至于幸福被混同于快乐、利益、福利和完美生活之类。②

对于“幸福”的话题，中国古代思想家有着独特的关注和诠释视角。《尚书·洪范》是古代中国最早论述幸福问题的典籍，其中记载了箕子向武王陈述的治理天下之九条大法，其中第九条是“向用五福，威用六极”。所谓“五福”，指的是寿、富、康宁、攸好德（爱好美德）、考终命（善终）；所谓“六极”，指

---

① 布吕克内：《幸福书：追求生命中的永恒喜悦》，陈太乙译，上海：华东师范大学出版社，2014年版，第5页。

② 赵汀阳：《论可能生活》，北京：中国人民大学出版社，2010年版，第135页。

的是人生不幸的六种表现，包括不得好死、多病、忧愁、贫穷、貌状丑恶、志力懦弱。东汉许慎在《说文解字》中提到："幸，吉而免凶也"；又曰："福，佑也。"在《小尔雅》中有所谓"非分而得谓之幸"之说。古文中"幸""福"二字连用，意在祈望得福。对于"福"与"祸"之间的关系，古人亦有相当辩证的见解，如老子的"祸兮，福之所倚；福兮，祸之所伏"。

就西方而言，据说在奥古斯丁时代，即公元 4 世纪，欧洲已有至少 289 种幸福的定义。18 世纪，已有约 50 篇专门讨论幸福问题的长篇论著。[①]此后的各个时代，有关幸福话题的著述和思想更加不绝如缕、精彩纷呈，但也更为纷繁复杂、莫衷一是。亚里士多德便指出：有些人说，幸福就是德性，有些人说幸福就是明智，另外一些人则把智慧当作幸福，还有一些人把其中的一项与快乐相结合，至少把快乐当作不可缺少的因素。此外，还有些人把外在的好运气也加进来。[②]康德则认为，幸福乃是尘世上一个有理性的存在者一生中所遇事情都称心合意的那种状况。[③]

从上述西方思想家有关"幸福"的阐释中可以看出，幸福的含义是极为丰富多样的，不同时代、不同学科、不同角度，人们可以给出完全不同的定义。就英文单词看，"幸福"有 happiness 或 well-being 等表达，前者偏重于身心的快乐，后者侧重于生活品质的优劣。而在实际生活中，人们又有着各自不同的倾向和追求：或侧重于物质的获取，或关注于精神的拥有；或重视过程，或强调结果；或将其作为人生之终极目的，或视幸福为短暂的生活感受；等等。可见，幸福的形态千变万化、神秘莫测，对其真面目的把握，难度不亚于"斯芬克斯之谜"。

但是，毕竟"幸福"关乎人的存在、人的生活，与人类的需求和情感紧密相连，不必也不该将其描述得神乎其神、不可理喻。那么，从哲学的视角，笔者以为可以给出这样一个简洁明晰且具有相对普遍性的定义——"幸福"是人生在世的一种最佳生存状态，它应当既包含着物质生活条件的适度拥有，更蕴含着

① 布吕克内：《幸福书：追求生命中的永恒喜悦》，陈太乙译，上海：华东师范大学出版社，2014 年版，第 5 页。

② 亚里士多德：《尼各马科伦理学》，苗力田译，北京：中国社会科学出版社，1999 年版，第 15 页。

③ 康德：《实践理性批判》，韩水法译，北京：商务印书馆，1999 年版，第 127 页。

精神生活向度的优质体验。在现实中可体现为生活的称心如意、情感的和谐美满、心灵的充实愉悦等。

（三）“幸福”是一个独特的“价值复合体”

无论是从存在论的视野还是从知识论的视角，无论是经验的判断还是理性的分析，都无法否认，“幸福”是人类生活中最难以认知和把握的现象。之所以如此，是因为“幸福”与否不是一种简单明了、普遍认同的“事实判断”，而是见仁见智、感受殊异的“价值判断”。换言之，在很大程度上，“幸福”与否不是一种纯粹清晰的客观事实存在，而是一种模糊笼统的主观价值评判，而且是众说不一、五味杂陈的社会价值现象。“幸福”含义的多样性以及“幸福生活”的多元性表明，“幸福”是一种独特的价值复合体，与人类生活中的其他价值对象相比，它的价值复合性状态更多样、更复杂。

之所以将“幸福”看作“独特价值对象”，其意旨有二：一方面，与一般的客观物质对象相比，“幸福的价值”存在与否、价值几何在更大程度上依赖于人的主观评价，如此，使它所具有的“主体性”特征尤为突出，进而，其“价值性”色彩更为浓厚，以至于在相当程度上它似乎是一种社会生活中的“精神性”的价值对象（或现象）；但另一方面，又不能不承认，“幸福”的存在和实现还是需要依托一定的客观条件和现实环境，因此，它又与一般的价值对象一样，涉及价值存在、价值形态以及价值表现等多个层面的价值构成样态。因而，在实际生活中，“幸福”的诸多价值构成便以更为丰富复杂且难以把握的状态呈现出来。如此，当我们将“幸福”作为一个特定的价值对象来看待时，它便成为一个独特的价值复合体。

二、幸福价值取向的多样性

（一）幸福价值取向的多样性及其意义

论及幸福的价值取向，不论是从事实层面还是从逻辑角度上说，它都与幸福的价值维度有着密切相关性。因而，幸福价值维度的多向性必然会带来主体价值取向的多样性。

应当特别指出的是，幸福价值取向的多样性存在，从一定意义上看，似乎派生于幸福价值维度的多向性，但从其本质上说，其实是人性的丰富性、人的欲求的多样性以及社会生活复杂性的反映。换言之，幸福取向的多样性是因应并满足人的需求的多样性而存在，并伴随社会生活的不断变化而发展的。社会现实状况和个体生命历程的复杂多变性，使得幸福价值取向呈现出更为丰富多样的状态。概言之，一方面，“幸福”这一特定价值对象本身的价值复合性状态，必然使得发生在其间的价值现象错综复杂；另一方面，当幸福问题置于复杂多元的现实生活中时，必然要呈现出更为复杂多样的状况，不同的社会成员出于不同的观念和需求，自然会形成各自不同的幸福价值指向——或物质，或精神；或感性，或理性；或重视过程，或强调结果；或关注个体，或注重群体；等等。因而，对于每一个生存于复杂的生活世界，同时又有着多样化需求的社会成员而言，幸福价值取向的多样性便成为一种现实中的常态。

（二）幸福价值取向多样性的影响及其选择困境

显而易见，在当今如此多元化的时代里，无论对于整个社会，还是对于现实的个体而言，幸福价值取向都愈发呈现出更加多样化的状态，这种多样化的幸福指向，带给个体和社会的影响必然是多样而复杂的，其中，喜忧参半、优劣难辨：“多样化”使得这个社会具有了更为宽松自由的选择空间和氛围；“多样性”又让每一身处其间的个体有了选择不同生活方式的可能，幸福由此而具有了不同的定义、状态和感受。当然，也正因为幸福价值取向的多样性可能，而每一个体又只能依据现实条件和个人境遇做出有限的选择，主体在幸福价值取向的侧重点和倾向性上往往左右为难、无所适从。

然而，人生本是一个充满选择的过程，不论愿意与否，自发或自觉，主体都要面对各种抉择，这是一种必然的生命状态。问题只在于：面对丰富多样的价值对象，面对如此复杂多变的生活世界，主体应当如何选择？更重要的是，当你在权衡比较后选择了某种价值指向，并以此确立起自以为正确的价值目标并付诸实施时，最终带来的结果却不一定是预期的，甚至可能是背离初衷的。那么，它所造成的生活状态显然就会是不尽如人意，进而会是远离幸福的。在此，价值观及其引领下的价值指向正确与否直接影响着主体的生存状态。幸福无疑涉及主体内在的价值观念及与之相应的人生追求，正是价值观念和人生目标上的差异，使不同的主体在相同或相近的生活境遇中形成幸福或不幸福等相异的感受。①

在物欲横流的现实氛围中，社会成员在相当范围和程度上存在着唯利是图、急功近利的浮躁心态，这种具有一定普遍性的社会现象表明：主体不仅在幸福的价值取向上愈发背离人的丰富性需求，从而走向异化于人性的单向化态势，而且在幸福的价值目标上，缺乏在正确观念引导下的明智选择，往往会导致主体在其行为结果上呈现出与幸福初衷愈发远离的态势。

人们在幸福指向上的种种偏离以至扭曲，反映出的是幸福观上的异化状况。这种状况，不仅无法带给社会成员应有的个人幸福生活，而且相反，在很大程度和范围内降低了国人的普遍幸福感。面对当今愈演愈烈的物质主义价值取向以及甚嚣尘上的享乐主义生活方式，我们需要对当下中国存在的幸福取向偏离的现象予以高度的关切和重视。

三、幸福价值取向的纠偏及其优化

现实告诉人们，幸福生活是没有“范本”的。因而，幸福价值取向的取舍见仁见智、难以定夺，也特别考验充满种种欲望和需求的现实个体。综观当今社会，幸福价值取向的偏离主要表现为以下几个方面。

其一，在幸福取向的表现形式上——单向性、趋同化。忽视人的属性的多样性，摒弃人的需求的多样化，片面追求和满足某一种欲望需求，并任其一味膨胀放大，诸如对于物质财富的单一性追求、对于物欲生活的单方面满足等，并以此作为所谓“幸福生活”的单向性目标和同一性取向。

其二，在幸福取向的价值内涵上——物质化、感官化。长期物质生活条件匮乏导致的贫穷恐惧症，导致国人在现实生活中高度的“物质同一性”追求，形成了“物质主义”和“拜金主义”。同时，对感官生活的享受过度重视，如舌尖上的感受、游戏娱乐的刺激、吸引眼球的影视宣传以及微博微信的视觉享受等，及

① 杨国荣：《伦理与存在：道德哲学研究》，上海：上海人民出版社，2002年版，第262页。

时行乐的感官体验氛围四处弥漫，使得人生的幸福简化为“一过性”的直观感受，降低为浅层次的感官享乐。

其三，在幸福生活的目标指向上——数量化、表象化。在当今社会，无论是具体的政策指向、理念引导，还是民众的价值观念和行为方式，往往都在自觉不自觉地以数量说明一切：经济效益的提升价值、GDP的增长效应及个人收入的提高意义等都被不同程度地夸大。显而易见，在实际的社会目标及其运行效果的追求中，人们对于物质条件数量化的追捧，远远超过对于生活品质的内在化追求。即使是对“幸福”状况的衡量，对国民幸福指数的关注度也远远高于对幸福内涵的重视程度。

事实表明，幸福价值取向的偏离及幸福感的异化，已经让人产生了幸福匮乏症，似乎越追求幸福，幸福愈发遥不可及，以至于对何谓幸福、如何幸福产生了相当程度的怀疑、失望和焦虑感。要改变现状、扭转这种偏离和异化现象，首要的任务便是要确立合理的幸福价值取向并力求其优质化。要做到这一点，需要我们在追本溯源的基础上探寻幸福取向的根本依据，进而构建适合当代社会的基本的幸福准则和价值指向。

在幸福取向的选择过程中，最为本质和真实的依凭应当是人的需要，而人的需要的明确及其实现则必须从人性的丰富多样性出发——“人性化”应该成为确立幸福价值取向的基础和依归，以此为据向外扩展，才可能拥有充分“正当”与“合理”的幸福取向，并使之在主体生命历程的拓展中不断优质化。

（一）多样性需求的满足——幸福取向的人性依据

人是世间最为独特的存在，他既是自然的产物，因而拥有与自然界其他动物类似的本能和需求；但他又是独立于自然的社会产物，具有一般动物所没有的社会性需求。如此，人性的构成更加丰富和复杂：它不仅保有自然之子的自然属性，还形成了人类群体生活造就的社会属性，更有着人类文明世代熏陶所孕育的精神属性。马斯洛提出的需求层次理论，很好地诠释了人类需求的多样性，以及对多样性需求满足的重要性。因此，毋庸置疑，人性之多样化的需要应当成为幸福取向的本源依据。

既然人的需求是丰富多元的，一方面，对于一个社会而言，就必须充分重视人的需求的多样性构成，应当允许在不同时代条件和生存环境下，每一个体的多样性需求得到不同程度的尊重和满足；另一方面，对于每一个体来说，应当在关注自身需求多样性的基础上，力求展开其丰富多样的生活样态，不断寻求生活幸福的多样性可能。切不可盲目追随大众潮流，迎合单一世俗趣味，让丰富多样的人性需要压缩（或扭曲）为单一维度的需求满足。因此，在社会生活中，我们应当高度关注和重视人的需求的多样性及其层次化的存在状态，将幸福的期许和追求以丰富多样的形式展现出来，如此才会使个体的幸福人生显现出充盈丰沛的状态。

（二）个性化方式的呈现——幸福取向的情理依据

对于兼具感性与理性的特殊存在者而言，人们对于幸福生活的追寻，以及在幸福感上的需求满足，必然都包含着感性和理性、物质和精神等多方面的构成，都会以丰富多样而非单一的形式来呈现其幸福的样态。然而，从进一步的意义上看，虽然人类有着相类似的人性需求构成，但毕竟每一个体对其中不同层面的需求有着相异的偏好和追求；而且，个体之间在身心条件、生活经历、生存环境等主客观因素上的差异，必然使得他们在对于幸福内涵的理解、生命本质的认知以及对于生存要素的追求上大相径庭，这就需要重视不同主体的个性化的幸福需求选择。因此，同样是感性和理性等多样化的人性需要，当放在一个个独立的个体身上时，又会以具体的、个性化的方式呈现出来。

因而，在现实生活中，对于每一个独特的社会成员来说，在其寻求幸福生活进而确立其幸福取向之时，都不应丧失自我地一味媚俗、流俗，而应以自身的实际状况和个性需要为出发点，听从内心的呼声，遵从自我的期许，如此获得的幸福感才是最为真切也因此才会是历久弥新的。这既是人之情所有，也是事之理所在，所谓人情事理——这是幸福取向确立问题上的情理依据。

（三）高品质生活的拥有——幸福取向的精神依据

作为拥有丰富复杂属性的高等动物，人类对于生活品质的追求不仅孜孜不倦，而且伴随其文明程度的提升而愈发高远。那么，何谓高品质生活？是物质的丰裕、事业的发达，还是社会地位的提升？显然，对于幸福生活的界定以及生活品质高低的诠释，在现实生活中往往见仁见智、莫衷一是。但有一点应该能够达成共识，那就是，所谓幸福生活及其品质高低，不会也不应是停留于某些外在条件的拥有，更不应只是低层次的物欲需求的满足。

因而，从进一步的意义上看，幸福生活尽管乃人生之目的，但必须在尊重人性基本需要的层面上，在合乎人情事理的基础上方可获得。但从人之为人的意义上说，我们更应重视人的本质需要，关注人的精神需要和心灵的归属。亚里士多德认为：幸福就是一种合乎德性的灵魂的实现活动。亚里士多德的“德福统一观”明确地告诉人们，幸福生活的获取应建立在对“德性”的重视和实践之上。那么，所谓高品质生活，就应当是这样一种以内在精神的充实丰富为内核的多样化需求的统一。

总之，面对人的多样化需求，我们必须有所认知、有所区别并有所抉择。在有关幸福生活的价值指向上，尽管基础层面的物欲需求不可或缺，但在最根本的意义上，人们对于精神需求的满足，对于心灵安宁的追寻，任何时候都不应忘却和放弃。唯其如此，作为人的存在意义才能突显，真正体现人心所向的幸福感才会生成。而在此意义上，主体的幸福目标才会真正有所提升，其幸福生活的品质才会更加优化。

第三节 “普遍”而“有意义”的幸福生活

作为一种独特的价值观，幸福观对于主体的生活方式和生存境遇有着重要的意义。而其中，客观上存在着的幸福价值维度的多向性状态，以及主观上发生着的幸福价值取向的多样性选择，对主体的行为趋向和生活状态更是产生直接的影响。我们探讨幸福观的各种主张，分析幸福价值取向的种种影响，最终目的都是要探究人们如何能在正确幸福观的引领下，获得普遍拥有的有意义的幸福生活。在此，包含着对于“幸福生活”的两个十分重要的考量视角。其一，幸福生活的“本质意义”所在。这不仅是在理念上，而且更是在现实中需要人们进一步思考的深层次问题。其二，幸福生活的“普遍价值”何在。在此着重要关注的是，我们所追求的“有意义”的幸福生活，是否能在“普遍性”的意义上为尽可能多的社会成员广泛拥有，形成所谓的大众幸福生活。因为，只有在这个意义上，社会主义制度所拥有的优越性才能得到实质性的彰显。

一、“幸福生活”的基本内涵——“好生活”的价值意蕴

无论在学理层面对于“幸福”概念及其相应的价值观进行怎样的研究和分析，都还只是在“应然”的意义上去界定“幸福”，最后还要将其放到现实的生活世界中去检视和把握，并通过实际的生活过程去感受和体会“幸福”的“实然”状态。研究的目的不在于理论上如何繁复多样、艰涩深刻，而在于现实生活的拥有和呈现。换言之，我们追求的不是理念上的“幸福”，而是实际意义上的“幸福生活”。

值得思考的是：我们念念不忘、孜孜以求的“幸福生活”应当是一种怎样的状态？或者说，究竟怎样的生活才算是“幸福的”？有一种简单明了的说法似乎能够说明些问题：所谓的“幸福生活”就是“好生活”，“好的生活”就是“幸福的生活”。只是，“好生活”虽然晓畅明白，但却不足以表明其“幸福”何在。因为对于其“好”在何处，又如何使人感到幸福，似乎缺乏进一步的意涵指向。对此，学者们进行了有意义的探究，“好生活”可以从两种不同意义上理解：一是把“好生活”理解为“值得赞赏的生活”，这指的是道德或德性高尚的生活；二是把“好生活”理解为“值得欲望的生活”，这指的是繁荣或发达的生活。真正的“好生活”应该既是“值得欲望的生活”，又是“值得赞赏的生活”。①在此，显然包含了对于“好生活”的不同层面的理解和把握：既强调“幸福生活”的理性层面——对于内在精神生活的追求，也不乏对其感性层面的肯定——对物欲化生活需求的满足。因为，人本身就是感性与理性的集合体，所以，人的幸福生活在其构成上便不可能是单一性和平面化的，而应是丰富多样、内蕴充实的，如此，才有可能达至圆满生活的状态。亚里士多德便指出：行为所能达到的一切善

---

① 江畅：《幸福：当代社会价值体系的核心理念》，《湖北大学学报（哲学社会科学版）》2011年第3期，第13页。

的顶点又是什么呢？几乎大多数人都会同意这是幸福；不论是一般大众，还是个别头面人物都说，生活优裕、行为优良就是幸福。[①]

那么，“幸福生活”抑或“好生活”究竟应当包含哪些值得重视的维度或要素，使得人们借助它们能够获得一些建设美好人生的必要条件？如果从幸福的价值维度上看，“幸福生活”应当是多样性维度的综合体现。由此，前述之多样化的幸福维度，即物质与精神、感性与理性、目的与手段、数量与质量等，都会在主体的现实生活中相互共存并在不同程度上影响其生活状态。当然，在实际生活中，多样性的价值维度不可能具有同样重要的意义。因而，对于具体的主体而言，其幸福生活的拥有，并非各种幸福维度的简单相加，而是需要在正确幸福观的引领下，根据现实条件和自身状况进行明智的价值选择，从而确立起合理的价值取向，并以此为据，积极获取“有意义”的幸福生活。而在此过程中，对一些基本的价值准则应当重视并积极践行。

1. 幸福构成要素的多样化拥有

人是多种属性的集合体，因而，人们对于幸福要素的需求必然是也应当是多样化的构成。现实生活表明，人们所欲求的“幸福生活”不可能是在单一性的意义上获得的，它应当是在多种生活条件和丰富生活要素基础上方可达成的。

2. 幸福需求目标的层次化区分

一般意义上，幸福生活都需要拥有多样化的条件，但由于人的欲求不仅是多样性的，而且是层次化的，不同的人以及每个人的不同生活阶段所欲实现的人生目标不同，因此，对于需求的满足又有由低到高的层次化区分的必要。

3. 幸福生活方式的个性化选择

尽管每一个社会主体都有着多样性、层次化的人生需求，但在具体的需求内容和层次追求上又有所区别。这使得幸福的生活方式呈现出显著的个性化色彩。由于人性的丰富复杂性，即使同一个人，也会因为环境、条件和观念上的变化，选择不同的“幸福方式”。

---

① 亚里士多德：《尼各马科伦理学》，苗力田译，北京：中国社会科学出版社，1999年版，第5页。

二、幸福生活的价值内核——“有意义”的幸福指向

上述有关“幸福生活”基本意蕴的阐述，以及对于“幸福生活”构成要素、需求目标、生活方式等方面的客观存在状态和主体自主选择问题的探讨，都还只是在一般的意义上论及“幸福生活”或“好生活”的基本样态。在此基础上，我们还应当更进一步地探究“幸福生活”的价值内核，亦即幸福生活的根本意义指向，从而明晰真正的“幸福生活”的实质所在。换言之，这是有关幸福生活“内在意义”的寻求过程。

（一）“表象幸福”与“本质幸福”的差异

幸福生活的“意义”所在，可以说是我们面对“幸福”和“幸福生活”问题必须要深入追问和反思的核心话题。因为，当我们探讨何为“幸福生活”和“好生活”之时，绕不开对于“生活的意义”这个根本性问题的回答。生活意义/好生活/幸福是三位一体的伦理学基本问题。这一点本来是显而易见的，但是随着社会日益发达，人们在利益的昏迷中失去了幸福，在社会规范中遗忘了生活，就好像行为仅仅是为实现规范目标的行为，而不是为了实现某种生活意义。社会成功了而人失败了。[①]因而，有关幸福生活的意义探寻，便成为我们应当进一步关注的话题。

那么，何谓“有意义”的幸福生活？真正令人满意且稳定而长久的幸福生活，或者说确实具有内在价值的幸福生活，必须是具有“意义”内涵的实质幸福，在此，构成了“表象幸福”和“本质幸福”的差异。所谓“表象幸福”，指的是那种仅仅停留于物欲化的感官享乐，满足于“身体的无痛苦”式的一己快乐；或者服膺于习俗规范的大众幸福取向，因而忽视内心需求或放弃自我信念的“从众式”幸福追求。而所谓“本质幸福”，则指的是既能够尊重自身的真实需求和愿望，注重个体“心灵的无纷扰”式的精神化幸福诉求；又能够在此基础上推己及人、利己利人，进而达到有益于社会大众目的的丰厚的幸福生活状态。

---

① 赵汀阳：《论可能生活》，北京：中国人民大学出版社，2010年版，第8页。

当然，在现实生活中，现象层面和本质层面的幸福，常常是互为表里、相互交织在一起的，它们总是对立统一于同一个现实的主体身上。对于不同的个体而言，其差异只在于，对所谓的“表象幸福”和“本质幸福”，每个人的取舍不同或者侧重点有所差异而已。

（二）“本质幸福”的目标诉求——“有意义”的幸福生活

显然，只有“表象”层面的幸福是远远不够的，我们需要具有深厚内在意蕴的真实而持久的“本质”幸福。而所谓的“本质幸福”诉求，更为强调的必然是幸福的“意义”所在。那么，何谓“有意义”的幸福生活？在此，似乎可用逆向思维的方法，首先反问何谓“无意义”的幸福生活。笔者以为，以下几方面是我们应当避免和舍弃的“无意义”甚至具有负面意义的幸福生活诉求：一是极端个体化的私欲满足；二是纯粹浅表化的感官享乐；三是过于功利化的利益获取。如此，便有了应当进一步重视的几种关系的比较：利己—利他的关系、物质—精神的关系、消极—积极的关系、短暂—长远的关系等。[①]

首先，对于一个社会成员而言，在满足个体基本需求的基础上，还应重视对他人、对社会、对国家的关爱和奉献。当你把自身的生存发展与他人和社会的需要相结合，让自身的价值得到更多样化的体现时，你的幸福生活才会是充满价值因而是富有意义的生活。其次，在满足感官享受、物质需要等基本欲求的基础上，更应重视精神性需求的获取。当今社会，人们常常感叹生活之不易、幸福之难寻，面对现实，总是为种种工作压力和生活条件的不尽如人意而烦恼。说到底，其实是我们在攀比中，为自身物质生活条件的不如意而慨叹，是在为物质欲望的不满足而痛苦。而实质上，生活的幸福与否，关键并不在于物质条件的优劣，不在于感官享乐的多少。这些外在因素的增减并不会在根本上影响幸福感的高低。相反，在基本物质需求得到满足后，带给人真正幸福感的是精神层面需要的满足。最后，应从短暂的、眼前的利益追逐，走向长久而根本的目标追求。对眼前的、短暂利益的过度关注和无度攫取，导致了一系列的严重后果：一方面，因为耽于一时之功的“惯性”短视行为，人们在自觉不自觉中忽视了社会发展的长远目标，进而轻视或者淡化了民众的整体而长远的幸福诉求；另一方面，

① 赵汀阳：《论可能生活》，北京：中国人民大学出版社，2010年版，第20-21页。

过度急切的牟利心态，造成人们对于人的存在意义的漠视，对于生命终极价值的遗忘或放弃。本末倒置的行为带来的自然不会是发自内心的幸福感，而是日盛一日的强烈焦虑感。

三、幸福生活的目标指向——普遍而多样化的幸福样态

“有意义”的幸福生活，是我们对于幸福生活的价值内核的定位，是对“幸福生活”的内涵式的探讨，这是有关幸福生活的“质”的探究。在此基础上，还应有关于“幸福生活”的目标指向的探寻，它相对属于外延层面上的关注，侧重于对幸福生活的“量”的考察。从实质上说，幸福生活本就该是幸福的“质的内涵”和“量的状态”的统一。

（一）幸福生活的主体指向：普遍拥有的大众幸福

众所周知，“幸福”从来都是人类的共同目标追求。尽管在不同的时代条件和不同的社会环境下，人们对幸福的理解不同，所追求的幸福生活方式亦大相径庭，但人们对于幸福生活的向往和祈求同样强烈。因此，对于每一个体而言，幸福是一种普遍意义上的人生诉求，人人都希望获得真正的幸福生活；对于一个社会而言，予以民众最普遍化的幸福生活，则应当是其根本性的目标追求。作为社会主义国家，对于民众幸福生活的关注，以及赋予全体民众切切实实的幸福生活，不仅是这一制度设计的本质要求，更是它需要面对和完成的根本价值目标。

（二）幸福生活的客体指向：幸福构成要素的多样化

幸福主体的普遍化，关注的是幸福享有者的覆盖面。但是，要把幸福生活落在实处，还必须考量幸福的客体——亦即幸福生活涉及的诸种对象，包括幸福的实现条件、幸福的构成要素等。事实表明，主体的需求是多样化、层次化的，因而，他所需要获得的客体——满足幸福生活的客观对象——自然也应该是多样化和层次化的。

1. 幸福实现条件的多样性

对于每个国家及其中的每一个体而言，“幸福生活”的实现和获取都不是一件轻而易举之事，它必须建立在一定的历史和现实的基础上，需要依靠诸多主客观条件和内外在因素的综合作用。

从社会层面看，需要关注的是以下两个方面的内容。首先，一定时期该社会所提供的制度机制是否能够在最大限度上为民众创设公平正义的社会环境，从而确保社会成员能够获得幸福生活所必需的制度保障；其次，在一定生产力发展水平基础上，该社会能否为全体民众提供“幸福生活”所需要的诸种基本条件，诸如较高的经济发展水平、风清气正的政治文明状况、繁荣优质的精神文化条件及优良的自然生态环境等。经济、政治、法律、文化、生态等诸种基本条件，是“幸福”大道的社会支撑。

当然，即使生活在同一片天空下，每一位社会成员能否实现其幸福的目标，还取决于他所面对的具体生存环境及自身条件。现实表明，要构建真正意义上的幸福生活，需要创设的社会条件和现实因素十分多样化，也离不开个体自身对于“幸福生活”所拥有的自觉意识和积极自主的有效行动。

2. 幸福构成要素的多样化

所谓幸福生活的要素，关注的是幸福生活的更为具体直观的构成因素。前文述及，“幸福”是一个多维度构成的“价值复合体”，那么作为现实意义上的“幸福生活”也必然是丰富多样的“复合状态”，如此，“幸福的要素”也自然应当是多样性的复合构成。

关于幸福的构成要素，人们已从不同学科、不同角度给予了多样化的诠释和界定，也由此提出了不同的要素构成观点。其中，马斯洛提出的“五要素”说极具代表性。马斯洛根据人们在人生不同阶段的需求，划分出五个层次：生理、安全、归属和爱、尊重、自我实现，包含了主体从低层次到高层次的不同需求。从“幸福观”的角度看，马斯洛的“五要素”说，其实也就是人生幸福问题上的要素构成说。此外，还有直接描述主体“幸福感”的“六要素”说：卡什丹（Kashdan）提出了一个“幸福感计算公式”，由此推算出人们的幸福状态。美国著名心理学家迈尔斯（Myers）则认为，构成幸福的要素有十个方面。

其实，无论是“五要素”说、“六要素”说，还是“十要素”说，都反映出一个普遍的事实：任何一种“幸福生活”，在其现实性上都不可能是单一要素的构成状态，而应当是多样化、层次化的诸多要素的有机统一。需要指出的是，上述诸种“要素”理论，主要还是从心理学角度，就个体身心状态及其主观行为特征所进行的研究和描述。对于主体的“幸福要素”构成，还应从更为广阔的视野，以人的全面自由发展为指向来看待。在此意义上，“幸福要素”的构成就更为丰富多样了。

第二章

公正价值论：公正的价值诉求及其实现路径

公正问题，向来是理论和实践领域的一个重大而棘手的问题。无论是从历史的视角还是现实的维度，对于公正的观念认知始终见仁见智、莫衷一是；而公正理念的现实化及公正原则的实践成效，又总是困扰人们的现实课题。凯尔森（Kelsen）说：自古以来，不知有多少人流了宝贵的鲜血和痛苦的眼泪，不知有多少杰出思想家绞尽了脑汁，可是现在和过去一样，什么是正义这个问题依然未获解决。[①]尽管如此，由于公正问题对于人类社会以及个体生存发展极其重要，尤其是在民众获取幸福生活的过程中，社会的公正性或者说公正在一个社会的实现程度，成为重要和直接的影响因素。因此，古往今来，围绕“公正”的理念阐释和实践探索从未停止过。时至当代，更为错综复杂的社会现象以及更加变幻莫测的现实境遇，吸引着人们加倍关注和更为深入地研究公正问题。

言及“公正”，不论相关的思想和理论多么纷繁复杂，其实无非围绕三个维度的问题展开，可谓之公正“三问”。一是“何为公正”，涉及公正的内涵界定和外延把握，探究的是公正的价值意涵。二是“为何公正”，侧重于公正在社会生活中的价值意蕴，追问公正的价值意义所在。三是“如何公正”，关注公正的实现途径和方式，力求在对公正的价值内涵和价值意义有所明确的基础上，寻找实现公正的可行路径，以求公正价值的切实呈现。

公正“三问”，关涉社会公正的最为基本和重要的问题，是我们在探讨公正话题时必须面对和重视的问题。而不论“三问”中的哪一问，古今中外都有着无数先贤的精辟论述。今人似乎不仅难以在思想观念上实现超越，而且，在新的生

① 张文显：《当代西方法哲学》，长春：吉林大学出版社，1987年版，第182页。

存境遇下，如何展开积极有益的借鉴和转化，并实现一定程度上的创新，都是一个极具挑战性的难题。其实，这里的关键在于，我们如何在当今社会条件下，在梳理已有公正观的基础上，确立起适合当下社会的公正理念，切实认知和把握当代社会发展的公正维度，并对当下社会公正维度的缺失现象予以深切的关注，以求公正价值的现实化和有效化。

第一节　公正观的基本概念及其价值关系比较

由于本书讨论的重点在于“公正与幸福的相关性”，因此，“公正”是本书需要研究和阐述的核心概念之一。而在本章，笔者将以“公正”这一概念为逻辑起点，展开对公正观的相关概念和观点的探析。

任何一个社会都有着打上深刻时代烙印的公正观，由此而体现出那个时代的基本公正趋向。而在不同的公正思想观念中，又都包含着相应于那个时代的有关“公正”概念的阐释。可以说，“公正”以及与之相关的概念，诸如“正义”“公平”“平等”，是包含在公正观当中的思想“元素”和观念“细胞”。值得关注的是，“观念”总是有着鲜明的时代印记的，而其中的“概念”则有所不同，它们往往会因为岁月的凝练以及文化的积淀，包含着一定的共性化的理解，因而有着超越时空和跨越地域的延续性和普适性。罗尔斯就对“正义概念”与“正义观念”进行了区分，认为前者是单数，表明一种共识，即基本价值理念。后者为复数，体现为多样性的存在事实，见仁见智。①

因此，虽然在不同时代，人们的公正观悬殊，但其中，公正的基本价值理念，亦即蕴含在其中的公正的思想底色——公正的基本价值诉求和价值基准，却有着一定的共识性，以及随着时势更迭而延绵后世的连续性。也正因如此，我们得以借由不同时代、不同思想家的各种公正思想，发现其中对于公正观念的基本理解

① 何怀宏：《正义在中国：历史的与现实的—— 一个初步的思路》，《公共行政评论》2011 年第 1 期，第 3 页。

和共识，也由此能够实现对这些相关概念的比较和分析。而探讨公正观的演进历程及其价值指向的演变，首先必须厘清的，便是与“公正”相关的一系列概念的主要意涵及其基本架构，并在此基础上梳理出它们之间构成的价值关系。

一、公正观的主要概念及其基本含义辨析

从学理上看，与“公正”相关和相近的概念有不少，诸如“正义”“正当”“公平”“平等”等，它们构成了一个相互关联的概念系统。显然，若要明晰“公正”概念的内涵和外延，不能不将它与这些相关概念进行必要的比较分析，否则，便难以明了“公正”本身的基本内涵和价值所在。应该看到，尽管“公正”与“正义”“公平”“平等”等概念之间有着十分相近和类似的含义，但细究起来，还是存在着具体含义和价值层次上的差异。近些年来，学界有关此类概念的比较分析已有不少，也有一些富有洞见的观点。由于本书研究主题的需要，对于上述相关概念，笔者也必须做出一定的辨析，并表明自己的观点。

不论是观念上的思索，还是现实中的探究，在西方历史文化传统中，有关公正（正义）问题的研究都已经积累了相当丰富的思想和实践资源，因而值得我们积极地去借鉴。在长期的公正（正义）问题探索中，西方文化中形成了一系列的相关概念，诸如 justice（“正义”或“公正”）、right（“正当”或“正义”）、fairness（“公平”）、impartiality（“公正”或“不偏不倚”）等语词，但其中最为通用的基本语词有两个，即 justice 和 fairness。[①]前者通常译作“正义”，后者则为“公平”。在日常语言中，出于约定俗成或习惯，人们常常将其互换使用。虽然，有些观点认为，这些概念大同小异、含义相近，因此可以不加区分地互换使用。但是，也有相当多的学者认为，其间存在着一定差异，因此需要区别运用，相关的论文有《关于公正、公平、平等的差异之辨析》（吴忠民，2003 年）、《正义、公正、公平辨析》（王桂艳，2006 年）、《关于公平、公正、正义三个概念的哲学反思》（陆树程、刘萍，2010 年）等。徐大建明确主张应当对“正义”和“公平”概念予以严格的区分，并指出“正义”强调的是“应得”的标准和结果，而“公平”强

① 徐大建：《西方公平正义思想的演变及启示》，《上海财经大学学报》2012 年第 3 期，第 4 页。

调的是“应得”的途径和程序。[①]笔者也认为，无论是从学理上，还是在实践中，都应该对这些概念及其运用进行一定的界分，这不仅可以避免在理念上发生歧义，更有益于在实践中对于相应观念和原则的准确践履。

“正义”一词，是在“公正观”研究中使用频率最高的概念。对于“正义”问题的探讨，发端于古希腊并引发当时思想家的高度关注和深入探究。苏格拉底认为：正义就是给每个人以适如其分的报答。正义就是只做自己的事而不兼做别人的事。国家的正义在于生意人、辅助者和护国者这三种人在国家里各做各的事而不互相干扰。[②]亚里士多德在《政治学》中指出，正义包含事物和应该接受事物的人两个因素，并且相等的人就该分配相等的事物。西塞罗认为，正义是使每个人获得其应得的东西的人类精神意向。而乌尔比安说：正义乃是使每个人获得其应得的东西的永恒不变的意志。[③]

近代以来，“正义”的“应得”之意得到进一步发扬光大。穆勒认为：坚持给予每个人应得之物的原则，不但是我们业已界定的正义理念中不可分割的一部分，而且也是正义感指向的目标。[④]时至当代，博登海默认为：给予每个人以其应得的东西的意愿乃是正义概念的一个重要的和普遍有效的组成部分。没有这个成分，正义就不能在社会中兴旺。[⑤]麦金太尔也说：正义是给每个人——包括给予者本人——应得的本分。[⑥]哈特指出：正义被认为是维护或重建平衡或均衡，其重要的格言常常被格式化为“同样情况同样对待”；当然，我们需要对之补上“不同情况不同对待”。[⑦]

在中国传统文化中，亦不乏对“正义”话题的关注。《说文解字》曰：“正，

---

① 徐大建：《西方公平正义思想的演变及启示》，《上海财经大学学报》2012 年第 3 期，第 4 页。
② 柏拉图：《理想国》，郭斌和、张竹明译，北京：商务印书馆，1986 年版，第 7、154-156 页。
③ 博登海默：《法理学：法律哲学与法律方法》，邓正来译，北京：中国政法大学出版社，1999 年版，第 264 页。
④ 穆勒：《功利主义》，叶建新译，北京：九州出版社，2007 年版，第 141 页。
⑤ 博登海默：《法理学：法律哲学与法律方法》，邓正来译，中国政法大学出版社，2004 年版，第 8 页。
⑥ 麦金太尔：《谁之正义？何种合理性？》，万俊人、吴海针、王今一译，北京：当代中国出版社，1996 年版，第 56 页。
⑦ 哈特：《法律的概念》，张文显、郑成良、杜景义，等译，北京：中国大百科全书出版社，1996 年版，第 158 页。

是也。从止，一以止。”所谓“是”乃“非”之对立面，“一以止”就是要统一归止到“是”的标准上。至于“义”，则有适宜之意。《中庸》曰：“义者，宜也，尊贤为大。”《释名》释“义”为：“义，宜也，裁制事物，使合宜也。”至于“正义”一词，较早见于《荀子·正名》，曰：“正利而为谓之事。正义而为谓之行。”意为处事应以“正利”而为，行为应以“正义”而为，其中，都包含着“正当”之意。

由上述可见，“正义”的内涵包含着两个最为基本的层面：一是“应得”——社会中的每个主体“各司其职、各得其所”；二是基于“应得”而进一步强调“正当”——肯定社会成员基本权益被尊重的合理性。

从中外“公正观”的发展史看，与“公正”“公平”“平等”概念相比，“正义”是一个界说严密的概念。中外许多思想家都有关于“正义”的明确阐释，其含义也有着比较纯粹而明晰的界定。而“公正”“公平”“平等”等概念，则是伴随着社会发展进程、历史文化变迁而衍生的相关概念，它们体现出由于社会变革、制度更迭或者思想转换而形成的“正义”的不同价值诉求。

作为衍生性概念，“公正”“公平”“平等”的概念界限相对不太清晰，但时代意义和社会特征则要凸显得多，因而其所具有的个性化色彩多于普遍性意义。此外，还应看到的是，上述概念出现的先后以及它们在使用过程中被关注程度的不同，在一定意义上说，或许有着语言学（翻译）上的偏好和侧重；但在更大程度上，还是反映了不同时期社会变革带来的观念差异，以及人们对于现实生活表达出的价值趋向和选择。因此，它们一定不是某种思想和语言上冲动的偶然性产物。基于篇幅限制，在此侧重对“公正”“公平”概念的相关界定予以一定的阐释。

首先，在中国传统文化中，便不乏对“公正”问题的关注，相关的语词也有表现。《管子·任法》中说：“上以公正论，以法制断，故任天下而不重也。”所谓“公正”，《说文解字》中的记载为：“正，是也”，“公，平分也”。简单地说就是追求“公平正义”。当代中国学者对“公正”又有着进一步的探讨，有学者指出：公正作为道德范畴，既指符合一定社会道德规范的行为，又主要指处理人际关系和利益分配的一种原则，即“一视同仁”和“得所应得”。①

---

① 朱贻庭：《伦理学大辞典》，上海：上海辞书出版社，2002年版，第45页。

在西方社会，从古希腊开始，“公正”便有着关涉公民个人美德和城邦社会秩序的双重向度。亚里士多德认为：公正是为政的准绳，因为实施公正可以确定是非曲直。他又进一步指出，公正就是中道，是不偏不倚。而且，他进一步把公正分为分配性的公正和交往性的公正，前者强调“比例”的公正，后者强调“均等”的公正。[①]近代以后，关于公正的界定更为明确和具有操作性，弗兰克纳（Frankena）认为：公正就是给予人们以应得的奖赏或按其价值给予奖赏；公正就是平等待人；公正就是按照人们的需要、能力或两者来对待人们。[②]

言及“公平”，我国古代早有论及，《管子·形势解》中说：“天公平而无私，故美恶莫不覆。地公平而无私，故小大莫不载。”显然，在此强调的是以“公平”之心对待所有事物，不偏爱，无私怨，则万物皆可平等地共存于世。《战国策·秦策》中曰：“商君治秦，法令至行，公平无私，罚不讳强大，赏不私亲近。”《吕氏春秋·贵公》中言：“昔先圣王之治天下也必先公，公则天下平矣，平得于公。”可见，中国古代思想家和政治家已经十分重视以“公平”的方式治理天下、管理国家。近代以来，受到西方平等观念影响的人士，又有了反映其时代思想特征的公平观念，康有为在《大同书》中对理想的大同社会做了较为充分的描述，进而提出“人人相亲，人人平等，天下为公，是谓大同”的社会目标。

在西方思想史上，有关“公平”的思想主张十分丰富。古希腊政治家梭伦以“中道”原则平衡贵族和平民之间的关系以求“公平”，他指出：他制定法律，无贵无贱，一视同仁。直道而行，人人各得其所。[③]近代经验论代表人物霍布斯则以“自然法”为其理论基础，指出：在自然法面前人人平等，要实现社会的公平正义，其根本途径便是要在遵循自然法的基础上信守人们之间确定的契约，信守契约即公道或公平，否则便是不公平。[④]到了当代，罗尔

---

① 亚里士多德：《尼各马科伦理学》，苗力田译，北京：中国社会科学出版社，1999年版，第95-103页。

② 弗兰克纳：《善的求索——道德哲学导论》，黄伟合、包连宗、马莉译，沈阳：辽宁人民出版社，1987年版，第105页。

③ 汤玉奇、陈继新、曾辉尧：《社会公正论》，北京：中共中央党校出版社，1990年版，第5页。

④ 阿德勒、范多伦：《西方思想宝库》，周汉林、戴阳、刘大洪，等编译，北京：中国广播电视出版社，1991年版，第945页。

斯以“公平的正义”为指向，把公平的均衡视为制度的主要价值目标。他所提出的平等自由原则以及公平与差别相结合的两大原则，透射出强烈的“平等主义”取向。

显然，对于“公平”概念及其相关理念，存在着多样化、多角度的理解和阐释。其原因在于：一方面，“公平”是个历史的范畴，其内涵和外延必然会伴随社会历史条件的不同而发生相应的变化；另一方面，不同时代社会主体在其生存需求上有着迥然不同的诉求，因而也会对“公平”的认知和追求产生很大的不同。但是，我们也应当看到，尽管时代条件和社会环境相异，但人类在对于“公平”问题的认识和把握上，依然存在着相对共性化的价值诉求。从最基本的意义上看，“公平”指的是人们在社会地位和基本权益享有上的公正平等性。

二、公正观基本概念之间的逻辑关联性

前文对“正义”“公正”“公平”等概念的基本含义给予了一定的阐释，其意在于，对人们常常有意无意混淆的相近概念进行明确的区分，以此厘清诸概念间的意涵边界。那么，在明确诸概念的各自含义之后，更需要我们深入探讨的则是其间构成的逻辑关系。对此，学者们予以了多方面的研究和论述。

首先，正义、公正、公平有着一定的层次差异性。正义包含着一切美好的事物和信念，体现着真、善、美的全部内涵，更具有理念色彩；公正是一种社会普遍认同的并与一定的制度性因素相联系的正义；公平主要关乎的是人们日常生活操作层面的事情，它只需遵循同一标准规则的相同对待。[①]其次，“公平与正义”之间存在着密切的内在关联性。其一，正义是公平的立论根据，缺乏正义的公平是无源之水、无本之木，最终可能沦为平均主义。其二，公平是正义实施过程中的必备环节。[②]而对于“公正”和“公平”之间的关系，有学者也给予了精

---

① 王桂艳：《正义、公正、公平辨析》，《南开学报（哲学社会科学版）》2006 年第 2 期，第 137-139 页。

② 陆树程、刘萍：《关于公平、公正、正义三个概念的哲学反思》，《浙江学刊》2010 年第 2 期，第 202 页。

要的分析：公正与公平这两个概念非常相近，以致不少论者交替使用这两个概念。但如若仔细推敲一下的话，就会发现这两个概念是有细微差别的。可以这样说，公正是理念化、理想化的公平，而公平则是现实化、具体化了的公正。①最后，“公正与平等”之间又有着特定的相关性：公正与平等是两个有所差别的概念，而且这种差别远比公正与公平之间的差别大得多。其一，公正概念往往倾向于认同现实社会，而平等概念则往往容易导致抵触现实社会的倾向。其二，平等从属于公正。平等需要某种限制，换言之，需要某种制衡尺度。而这种制衡尺度的限制只能来自公正。其三，相较而言，公正所涉及的范围要更为宽泛一些，平等所涉及的范围则明显小得多。②

总之，“正义”“公正”“公平”“平等”诸概念有着丰富而复杂的关联性，形成了多样性的逻辑联系，择要有二。

一是构成了特定的逻辑先后关系，因此形成了相应语词在使用上应当注意的先后顺序。首先应该指出的是，逻辑的关系反映的是历史的关系。从中外公正观的发展历程看，上述概念的使用有着一定的先后顺序性：“正义”和“公正”概念出现得相对较早，使用的频率亦较高，从中外经典作家的代表作中可以得见。相对而言，“公平”“平等”则是在近代以后，伴随着社会制度的变革、社会主体民主平等意识的觉醒，以及人们争取公平待遇和平等权利运动的不断展开而逐渐普遍使用的。因此，诸概念在时间向度上的先后关系，反映出的是时代和社会影响下的概念发展逻辑，当然，它也就决定了后人在使用上应当注意的先后顺序。

二是存在着明确的逻辑包含关系，因而构成了相互间的主次地位差异。其一，诸概念间构成的包含关系。“正义”是最高层次的概念，其意涵具有高度概括性，在价值层次上具有总体引领作用；而“公正”“公平”“平等”则皆出自它，并体现之。换言之，在一般意义上说，“公正”“公平”“平等”都是包含在“正义大厦”之中的不同层级构成，它们的基本内涵和意义都蕴含在“正义”的理念之中。而其中，“公正”“公平”“平等”之间又都构成了一定的先后包含关系。其二，诸概念间形成的地位差异。首先，在理念上，“正

① 吴忠民：《公正新论》，《中国社会科学》2000年第4期，第50页。
② 吴忠民：《公正新论》，《中国社会科学》2000年第4期，第51页。

义”最为高远，具有显著的引导性地位，起着价值观上的引领作用。其次，在实践中，“公正”则具有体现“正义”理念、践行“正义”价值的现实导向作用。因此，在社会生活中，“公正”又成为“公平”“平等”追求的实际“引导者”。

三、公正观的概念系统及其价值关系比较

“正义”“公正”“公平”等概念的语义及其内涵，所构成的不仅是一个相互关联的概念系统，更是一个体现着人类普遍“正义”诉求的价值系统。因此，诸概念不但有着逻辑上的先后顺序和主次关系，更存在着一定的有机构成状态和价值层次区分。

“正义”内涵的单一性、纯粹性，显示出它独一无二的精神性和理想性特质，因而具有了无可比拟的导向性意义。对此，古代西方已有了极为重要的启示性论述：“正义”不仅是个人的根本德性，而且是理想社会制度的特征。就个人德性而言，理性的实现表现为德性的培养：智慧在于灵魂中理性的运用，勇敢在于灵魂中意志对理性的服从，节制在于灵魂中情感对理性的服从，而正义则是理性在灵魂中占统治地位时个人具备了智慧、勇敢和节制这三种德性后达到的精神和谐状态。①基于历史的启示和现实的告诫，现代西方学者更加明确了“正义”的根本价值所在，正义不仅仅是作为偶然的因素被权衡和考虑的许多价值中最重要的一个价值，而且更是权衡和估量各种价值的定律。正是在这个意义上，正义作为“诸价值的价值”，并不将自身看作是它所规划之诸多价值的同类物。当诸价值间的相互冲突与诸善观念间的相互竞争无法解决时，正义就是彼此赖以和解与调解的标准。②我国学者也指出，正义在社会生活中有着特殊的地位，在自由、平等与正义三者中，只有正义是相对不受限制的善；一个人或一个集团，自由与平等过了度，就会有损，而且超越了人们所拥有的

① 柏拉图：《理想国》，郭斌和、张竹明译，北京：商务印书馆，1986年版，第169-172页。
② 桑德尔：《自由主义与正义的局限》，万俊人，等译，南京：译林出版社，2001年版，第20页。

自由与平等的权限。正义则不然，没有一个人、集团、社会会被认为由于过分公正而成为不正义的。[①]

显然，“正义”作为一种价值理念，是一种根本性的价值指向和理想目标，它引领并支撑着人类社会的价值系统。相对而言，“公正”则是一个介于理念和现实之间的基本价值准则，它在人们追寻“正义”以及“公平”“平等”的社会进程中，具有承上启下的中介作用：对于“正义”而言，“公正”是有着现实化指向的实践性概念，它寻求以“公正”的制度设计和行动方式来践履“正义”的价值；对于“公平”而言，“公正”又是具有观念导向意义的目标指向，并以具有普遍性的社会准则来规范和引导公平追求的实现。如此，便构成了“正义”“公正”与“公平”之间的特定价值关系。由于作为理念层面的正义是抽象的，是存在于观念之中的值得人们不断逼近的目标，其实现需要通过国家制度来承载。而制度正义是通过公正、公平等形式来表现的，因此公平、公正只是正义的特殊表现形态。[②]

“公正”“公平”与“正义”之间形成的价值层次差异。一方面，就“公正”和“公平”的关系而言，在现实生活中，“公正”常常体现为制度建构和社会生活的基本价值取向；而“公平”则更为偏向于实际生活利益上的权衡，是制度公正与否的结果呈现。另一方面，“公平”与“正义”的区分也十分明显。其一，两者的理论品行迥异。正义具有理念色彩，带有明显的价值导向性，寄托着人们对理想社会制度和美好生活的向往；而公平强调客观性，注重的是衡量标准的“同一个尺度”，带有明显的中性和“工具性”意味。其二，两者在使用对象上有所差异。公平一般用于具体的操作层面，而正义一般用于制度层面。其三，两者的追求目标不同。公平追求基本权利上的平等以及利益上的均衡，提倡公平是为了缩小贫富差距，缓和社会矛盾。正义追求社会制度的正义安排、利益分配上的对等，即付出与回报之间的相适应。公平追求的目标是微观具体的，而正义是在一个宏观视域下着眼于整个社会来考

---

① 范明生：《中西政治文化的核心范畴：礼和正义》，《上海社会科学院学术季刊》1999 年第 2 期，第 32 页。

② 王桂艳：《正义、公正、公平辨析》，《南开学报（哲学社会科学版）》2006 年第 2 期，第 138 页。

量制度安排与利益分配问题。[①]

第二节　公正观的主要历史类型及其价值指向

有关公正问题的探讨，在中西方文化中都可以找到发端的源头，可谓源远流长，且影响深远。相对而言，西方对于公正（正义）话题的关注和研究更为深入和系统，因此而形成的公正理论也更具有多样性和丰富性。但不论怎样，基于不同的历史背景、社会环境和文化传统，人们所提出的公正观点一定都会折射出特定时代、不同阶层和相异文化的光影，并由此而呈现出不同的理论特质和观念指向。在此，笔者将以类型化的方式，阐述中西不同历史阶段的公正理论，概要分析主要公正观的理论主张，以明晰不同公正观的差异性，进而关注它们带给世人的启示。需要说明的是，对不同时期“公正观”的类型化区分，不过是对特定时代公正思想特质的一种概要性的描述。其实，无论是哪种意义上的类型划分，都难以概括那个时代的所有公正思想特征及其相应的公正实践。因为人类思想的丰富性、多样性以及复杂性，即使同一个时代对于同一种社会现象的认知，也会由于不同主体的见识而呈现出相异的观点和见解。类型化的区分，其意义在于，借助于对不同时期公正思想的概括性梳理，能够在一定程度上实现对特定时代“公正观”的明晰把握。

一、古代——差等化指向的公正观

历史发展规律表明，一定社会中的制度机制及其思想观念，是基于特定社会的经济基础而确立起来的。奴隶社会和封建社会较为低下的生产力水平以及由此而建立起来的严密等级化的制度体系，必然导致人们相应的公正观念及其

① 陆树程、刘萍：《关于公平、公正、正义三个概念的哲学反思》，《浙江学刊》2010 年第 2 期，第 201 页。

价值指向。因而，论及古代的“公正观”，其最突出的特点，便是极为鲜明的“差等化”（等级化）的公正意识。

在西方，对于“正义”（公正）问题的关注，发源于古希腊并呈现出明晰的观念主张和思想倾向。梭伦是较早关注正义（公正）问题，并以“应得”来解释正义（公正）之意的先贤。其后，柏拉图、亚里士多德对于“应得”的公正观予以了更为充分的论述。柏拉图认为：我们在建立我们这个国家的时候，曾经规定下一条总的原则。我想这条原则或者这一类的某条原则就是正义……我们规定下来并且时常说到的这条原则就是：每个人必须在国家里执行一种最适合他天性的职务。[①]亚里士多德对于奴隶制度的合理性，有着明确的赞成态度，并且认为，人的等级差异才是公正的表现。在他看来：很明显，人类确实原来存在着自然奴隶和自然自由人的区别，前者为奴，后者为主，各随其天赋的本分而成为统治和从属，这就有益而合乎正义。[②]有关“正义”的“应得”之意的阐述，显示出思想家对于“正义”的所谓“恰如其分”的坚定主张。一方面，主张社会各阶层各居其位、各司其职、各得其所，每个人承担“最适合他天性的职务”，并获得其相应的回报。另一方面，在重视每个人各尽其职、各尽其能的同时，十分强调社会各阶层的等级差异性。很显然，在严密等级化的社会制度中，由于阶级阶层、社会地位以及个体能力的差异，“正义”所关涉的“应得”的实质意义悬殊，可以说，等级的差异性成为决定“应得”结果差异化的核心所在。如此，“正义”便被打上了鲜明的等级社会的烙印。

中国的专制等级制度绵延数千年，尽管封建时代与奴隶制度下的专制程度有所不同，但以“礼”为支撑的宗法式等级社会的特质则长期延续。按照费孝通先生的说法，中国以伦理关系为核心的传统社会形成一种“差序格局”，即贵贱、亲疏分明的人伦差等次序，而如此之社会伦理结构导致了极为森严的阶级划分和身份等级差异。在古代文献中，体现这种等级差异的主张比比皆是，《荀子·富国》说：“礼者，贵贱有等，长幼有差，贫富轻重皆有称者也。”而董仲舒《春秋繁露》亦云：“礼者，继天地，体阴阳，而慎主客，序尊卑、贵贱、大小之位，而差外内、远近、新故之级者也。”那么，这样一种高度等级化的社会结构模式，

① 柏拉图：《理想国》，郭斌和、张竹明译，北京：商务印书馆，1986年版，第154页。
② 亚里士多德：《政治学》，吴寿彭译，北京：商务印书馆，1965年版，第18页。

必然会产生其相应的“差等化”的公正观。中国古代农业社会的社会结构，“家国一体”，是君主集权下的宗法等级制社会，它既不同于西欧的城邦制社会、封建制社会，也不是什么契约社会。宗法等级制社会也就是礼治社会。“礼”是“人道之极”，是社会的根本大法，因而其“公正”观的价值标准和价值指向在于维护既定的等级“礼”制。①

由上述可见，无论是古代西方社会还是传统中国社会，特定的专制等级社会背景，都决定了古代公正观的差等化的公正指向。在此，社会的基本制度强调不同阶层之间的严格等级划分，并以此为据来确定不同人等的社会待遇，这是当时最重要的社会公正前提。对于差异的过度强调，以至以等级区分为前提的公正理念，则使得古代公正观呈现出在今天看来极为不公正的价值取向。

二、近现代——平等化指向的公正观

作为一种具有强烈时代特点和文化特质的思想观念，“公正观”的生成和演变必然会伴随历史的发展进程，形成迥然不同的价值理念和思想特征。近代以来，西方社会发生的一波又一波的思想文化运动带来了整个西方世界价值观的革新。强烈的“平等”“自由”的呼声，不仅给沉闷压抑的专制等级社会带来了清新之风，而且给予社会成员极大的精神解放；而一次又一次的资产阶级革命，更是从根本上颠覆了古代社会的专制等级制度，为长期在压迫奴役下遭受严重不平等待遇的人们，提供了获得平等地位和正当权利的社会环境。在此基础上，思想家们纷纷提出了以“平等自由”为核心指向的思想主张。相应于此，有关公正的价值理念，也一改古代社会强烈的差等化意识，而极力寻求“平等化”的公正指向。霍布斯、洛克、卢梭都是这一思想的坚定主张者，尽管他们在具体观点上有一定的差异性。而这样一种“平等化”指向的公正观，在西方有着广泛而坚实的现实基础，而且从近代一直延续到现代社会。

从一般意义上看，近现代西方的公正观，主要有两大代表性观点：一种是基

---

① 朱贻庭：《必须重视中国传统公正观研究》，《毛泽东邓小平理论研究》2011年第8期，第28页。

于理性直观的社会契约论的公平正义观，另一种是基于经验论证的公平正义观，两者可统称为古典自由主义正义理论。

首先是资产阶级启蒙思想家所倡导的，以自由、平等、个人私有财产权为核心的强调权利正义的公正观。启蒙思想家以自然法为前提，高扬理性主义大旗，反对封建等级和封建特权，强调人人生而平等。古典自由主义政治哲学家洛克认为，理性，也就是自然法，教导着有意遵从理性的全人类：人们既然都是平等和独立的，任何人就不得侵害他人的生命、健康、自由和财产。[①]洛克强调每个人在社会中的平等地位，以此为前提，一切政治制度的合法性就在于对个人基本权利的保护，而公平正义的体现，则是不侵害他人的基本权利，并保障每个人的应得利益。而卢梭则在深刻剖析了私有制社会带来的严重不平等的基础上，充分肯定了“自由平等”对于人类生活的重要意义。他指出：在没有私有制的地方是不会有不公正的。在自然状态中，不平等差不多是不存在的。由于人类能力的发展和人类智慧的进步，不平等才获得了它的力量并且成长起来，由于私有制和法律的建立，不平等最终变得根深蒂固而成为合法的了。[②]一切立法体系最终可以归纳为两大目标：自由和平等。[③]在资产阶级革命胜利后，基于经验论证的功利主义的自由主义正义观成为具有相当影响力的主张。边沁的功利主义提出了最大功利应当成为行为正确与否的标准，进一步把正义的追求与公众整体福利的增加联系起来。而穆勒的功利主义正义观则可简要归纳为三点。首先，一般人所谓的正义规范，就是尊重或不侵犯他人的正当权利，包括法定的、道德的、应得的、约定的以及所谓天赋的权利。其次，由于公平正义具有利益分配的性质，人们在具体问题上对何为正当权利或公平正义就不可能达成一致意见。最后，要想解决人们关于公平正义的争论，只能根据“社会利益”或“最大多数人的最大幸福”原则。[④]

恩格斯也关注到那个时期思想家们迥异于既往历史的大胆思考，并指出：他们不承认任何外界的权威，不管这种权威是什么样的。但他进一步看到了资

① 洛克：《政府论》（下篇），叶启芳、瞿菊农译，北京：商务印书馆，1964年版，第6页。

② 卢梭：《论人类不平等的起源和基础》，李常山译，北京：商务印书馆，1962年版，第119-127页。

③ 卢梭：《社会契约论》，何兆武译，北京：商务印书馆，1980年版，第69页。

④ 穆勒：《功利主义》，徐大建译，上海：上海人民出版社，2008年版，第44-64页。

产阶级所谓的正义和平等追求的实质所在：现在我们知道，这个理性的王国不过是资产阶级的理想化的王国。①

近代以来，中国的思想家们在质疑和批判传统社会封建等级化的公正观的基础上，提出了新的公正观。龚自珍便认为，有天下者，莫高于平之之尚也，他指出，“千古治乱兴亡之数”都是由贫富“不相齐”引起的，进而主张财富平均的公正观。改良派的代表人物严复亦指出：中国最重三纲，而西人首明平等；中国亲亲，而西人尚贤；中国以孝治天下，而西人以公治天下。康有为则希望创建一个“至平、至公、至仁、治之至”的大同世界。孙中山深受西方自由、平等、博爱思想的影响，提出了具有鲜明资产阶级性质的公正观。他高举“民族、民权、民生”的三民主义大旗，强调：四万万人一切平等，无贵贱之差，贫富之别，轻重厚薄，体现了他寻求民族独立自强以及各民族人人平等的思想。

近现代思想家的公正观，自然应当放到那个特定时代及其社会条件下去认识和评价，因为，按照马克思主义的观点，一切道德观念、法律及其依据的所谓自然法或公平正义观，都是一定时代社会经济关系的反映，为经济关系所决定，因此是具体的、相对的和历史的，不存在抽象的、绝对的和永恒不变的公平正义观。在马克思主义者看来，这个公平却始终只是现存经济关系在其保守方面或在其革命方面的观念化、神圣化的表现。②

三、当代——公平化指向的公正观

当代公正观，是一种趋于“公平”指向的价值观。相较于古代“差等化”的公正观、近现代“平等化”的公正观，“公平”指向的公正观有着更符合当代社会发展需要及当代人价值诉求的合理性。基于特定的社会制度和历史文化条件，古代公正观过度强调社会成员的等级差异性；而近现代公正观，建立在反对专制压迫、追求“自由平等”的特定社会需求之上，自然应以“平等化”作为那个

① 中共中央马克思恩格斯列宁斯大林著作编译局：《马克思恩格斯文集》第3卷，北京：人民出版社，2009年版。

② 马克思、恩格斯：《马克思恩格斯全集》第18卷，中共中央马克思恩格斯列宁斯大林著作编译局译，北京：人民出版社，1965年版，第310页。

时代的公正目标。应当说，从社会历史发展趋势以及人性的本质需求看，当代公正观与以往公正观相比有着更为显著的合理性。过度的等级化必定带来人与人之间在身份、地位和社会境遇上的悬殊，从而导致社会生活的极度不公平状态；而对平等化的追求倘若把握不当，则有可能因为过于寻求均等化而带来实质上的不公正。

“公平化”的公正观包含了两个基本的考量视角。其一，正视差异性的存在。现实生活中，差异是客观存在的，但差异不等于差等，差别性并不必然导致等级性。因而，承认并尊重人与人之间由于各种先天与后天、主观与客观原因而存在的差异性，是确立符合人的普遍发展需求的公正理念的前提。其二，重视公平化的取向。真正的“公平化”应当体现为：在肯定差异的同时，力求实现相对的平等和相对的差异的统一，以及平等的权利（政治和法律的）和差异的回报（经济的和福利的）的统一。简言之，“公平化”的公正观是要在尊重差异的基础上，尽可能寻求相对平等的公正观，这种公正观追求的目标是——“公平的正义”。

在当代公正观中，最有代表性、最具影响力的便是罗尔斯的公正思想。罗尔斯所理解的社会公正，并不是要简单化地消除一切社会不平等，而是要尽量改善那些处在不利地位的人们的处境。为此，他不惜用形式上的不平等去追求结果或事实上的平等。[①]应当看到，罗尔斯“平等主义”倾向的公正主张，与近代思想家的平等主张有着明显的区别。他不是在一般意义上推崇“平等”的理念，更不是不加区分地对待所有社会成员，而是从“扶弱济贫”的角度，力求减少社会中的不公平现象，因此，他所主张的社会正义被称作“公平的正义”。

阿马蒂亚·森（Amartya Sen）有着与罗尔斯十分不同的研究视角和方法，一方面，他不赞成“先验制度主义”用契约论方法寻找“完美正义”的方法，而是遵循经验论的现实主义路径；另一方面，他主张用“聚焦于现实的比较”方法，以在实质上减少明显的非正义。但这两位著名学者又有着十分相近的研究倾向和目标：一是对于社会中处于不利地位的弱势群体，都抱以强烈的同情心以及对其利益诉求的高度关切；二是都拥有一种“公平化”以至“平

---

① 罗尔斯：《正义论》，何怀宏、何包钢、廖申白译，北京：中国社会科学出版社，1988 年版，第 60-61 页。

等化”的正义取向，并致力于通过不同的途径和方法改变社会普通民众的不平等地位和境遇。

阿马蒂亚·森认为，现实中并不存在唯一完美的正义原则，在这样一个多元化的世界里，正义观和正义原则之间存在着很多的差异性，它们之间既相互冲突又各具合理性。就现实生活而言，不可能存在抽象的绝对意义上的公平正义，而只存在具体的相对的公平正义。在探讨如何实现具体的相对的公平正义，进而减少社会中的非正义现象时，阿马蒂亚·森更为关注的是人们之间的平等问题，尤其是处于弱势地位者的平等问题。阿马蒂亚·森主张以“能力方法”改变贫困者的不公平地位，并注重以现实化的对策和措施来促进个人能力（自由）的发展，借助公共政策实践减少明显的非正义现象，以改变社会成员在实际生活中的不平等状态。

当然，当代西方还有许多思想家从不同的视角运用不同的方法，对现代社会存在着的不公正现象，以及现代人遭遇的不公平待遇给予了深切的关注，并提出了促使社会走向公平正义的路径和方法。作为罗尔斯的主要挑战者之一的诺齐克（Nozick），将关注重心放在个人的自由权利方面。他以权利为基石，强调个人的自我所有权，认为权利是超越其他任何道德考虑的绝对的价值。值得重视的是，诺齐克的政治哲学不仅关注自由、权利，也考量平等问题，但他的平等观更多地注重公正的程序，忽视公正的原则；主张机会平等，忽视实质平等。而哈耶克（Hayek）的公平分配观则以自由为基础、以效率为价值取向，强调市场竞争结果的公平。但他过于重视法律正义而轻视社会正义的追求，对于“分配正义”持否定性态度。著名的社群主义代表人物桑德尔（Sandel）也有着与罗尔斯十分迥异的关注视角，他认为道德共同体的价值优于道德个体的价值，并从共同体出发，强调公共利益与公共善的优先性；他进一步指出，评价一个社会公正的标准并不在于它是否合乎正义原则，而要看它是否促进了公共善。[①]

当代中国学者对社会公正的内在含义、基本原则及基本特征也予以了十分丰富多元的探讨，并呈现出显著的公平化取向。万俊人认为，社会公正最一般的

---

① 参见柳平生：《当代西方经济正义理论流派》，北京：社会科学文献出版社，2012年版，第4-8页。

意义是对社会权利和社会义务的公平分配以及与此相适应的道德品质。①吴忠民对公正社会进行了如下描述：公正社会是人人共享、普遍受益的社会，是人人具有尊严的社会，是平等、自由的社会，是机会平等的社会，是按贡献进行分配的社会，是具有完善调剂功能的社会，是发达的公正社会。②邹恒甫认为，现代社会公正至少应包括以下四个方面的内容：机会均等；过程公平；按贡献进行分配；确保基本生存条件。③傅金珍则提出，社会公正应当包括：分配公平、权利平等、规则公平、保障适时、司法公正。④

第三节　公正的价值维度及其现实观照*

一、公正的价值构成状态及其意义

从上文对相关概念的逻辑关系梳理可以得见，虽然各概念之间存在着一定的相似性或相近性，但它们在基本含义、价值层次以及社会意义上还是存在着明显的差异性的。而本书的核心概念“公正”则是一个具有很大融合性和中介性的概念，因而，我们需要进一步从多个角度和层面去分析和阐释，进而发现它所具有的独特地位和价值。

首先，“公正”的概念架构值得关注，它直观地体现出“公正”概念的融合性特质。从语言角度看，“公正”是以组合词的形式出现的，由“公平”和“正义”（亦有作“公平和正直”）组成。那么，这样的一种词组结构，表明它在意涵上有着更为丰富的构成：它既包含了“公平”的基本内涵，体现着人们对于“公

① 万俊人:《普世伦理的正义及其对功利价值的优先性》,《湘潭师范学院学报(社会科学版)》1999 年第 4 期，第 13 页。
② 吴忠民:《社会公正论》，济南：山东人民出版社，2004 年版，第 3-10 页。
③ 邹恒甫:《经济学决不可回避价值判断和公正问题》，新浪财经纵横，2005。
④ 傅金珍:《对实现社会公正的若干思考》,《东南学术》2006 年第 5 期，第 138 页。
* 吴沁芳:《公正的价值维度及其现实观照》,《学习与实践》2017 年第 3 期，第 55-61 页。

平”问题的诉求；更包含着“正义”的内在意蕴，显示出人们对于“正义”之道的重视。换言之，“公正”一词的包容性较大，其中不仅包含了“正义”和“公平”双重概念的内涵，而且，相较于“正义”一词，它更具有理念和实践的双重性特征，是一个社会适用度很高的融合性概念。

其次，应充分关注“公正”概念在价值意蕴上的丰富多样性。“公正”在意涵上的包容性和丰富性，使得人们可以从狭义和广义的不同维度上去理解和运用它。其一，从狭义角度看，“公正”只是“正义”大厦中的一个层级，是一个组成部分，它要通过一定的制度和措施来践行“正义”的原则和主张。其二，从广义角度看，相较于具有纯粹性和单一性指向的“正义”，以及更侧重于现实性和单向性追求的“公平”，“公正”概念综合了二者的意义：它不仅注重覆盖人类社会古往今来具有普世意义的“正义”维度，也关注现实生活人心所向的普遍“公平”诉求。由此，它具有了不同于其他概念的更大的包容性，也更具有理论上的解释力和现实中的操作性。

最后，更应当重视的是“公正”概念的内在价值层次区分。从“公正”的概念架构及其内涵的包容性看，可进一步分析其中的价值构成状态。在“公正”的语词组合顺序上，人们通常以“公平”为先，“正义”为后，亦即“公平正义”这种约定俗成的念法较为顺畅。但从二者的价值层次和价值意义看，则应当是“正义”为先，“公平”为后；“正义”为首，“公平”为辅；“正义”为主干和支柱，“公平”为旁支和平衡。在人类社会发展进程中，“正义”展现出的是一种历时性的向度，体现为古往今来、一以贯之的根本理念和准则。“公平”强调人际关系和利益分配的多方兼顾和稳定平衡。相对于“正义”的正当正直、义无反顾的标杆式立场，“公平”寻求的则是横向稳定的天平式状态；相应于“正义”的历时性向度，“公平”表现为共时性的维度，它更关注现实生活的多样性和差异性，关注具体问题，兼顾各方需求，并以各种适应当下社会状况的政策、措施、途径和方法来谋求实现某种程度的主体公平化诉求。

二、公正的基本价值维度及其意义

在现实生活中，一个对象的价值维度通常是多样而丰富的。就“公正”而言，它在社会生活中的作用是多元而复杂的，因而它的价值维度呈现为特别多样化的状态。关键的问题在于，我们是否充分意识到它的丰富多样的价值所在，进而自觉地发现并有效地把握其价值维度。如此，探讨和揭示“公正”多样性的价值维度就显得十分重要和富有意义了。

从“公正”所具有的“应得”的意义上看，公正问题一般关涉三大基本维度的不同：一是“应得”的主体不同；二是不同主体“应得”的客体（对象）不同；三是不同主体看待“应得”的标准和方法不同。进一步扩展，公正的价值维度可从以下几个层面去考量。

1. 公正的价值目标

在公正的价值维度中，价值目标显然是最为重要的维度。缺乏目标追求的行为是无意义的。而公正的价值目标又包含了两个最基本的构成。首先是公正的根本目标。作为社会关系的产物，“公正”的存在意义在于谋求更优化的人类生活环境，因此，它的根本价值指向必须是人的本质需求——在自由、平等、公正的基础上，每个人得到全面发展的幸福生活。那么，营造“公平正义”的社会环境和生存境遇，进而为社会成员的幸福生活提供良善有序的生存保障，便成为“公正”的根本价值目标。其次是公正的直接目标。无论对“公正”概念给予如何多样化的界定和理解，“应得”的价值内核是跨越时代条件和社会制度的普遍而恒久的追求。只不过，在“应得”的主体、客体，以及实现“应得”的标准和方法方面有了时代的特征和差异。

2. 公正的价值类型

在社会生活中，公正的价值类型体现为诸如经济领域的公正、政治生活的公正、法律领域的公正、伦理关系的公正等。其中，每一种类型的“公正”追求又都会涉及相应的基本价值要素，诸如权利、机会、起点、过程、程序、标准等，也都会遭遇十分复杂的社会现实问题。同时，每一种公正类型的存在和实现，又都与其他公正类型存在着密切的相关性，需要人们从观念、政策、制度及机制等多方面使之明晰化、协调化、现实化。

3. 公正的价值准则

在不同的社会历史条件下，人们对于“公正”的判断标准不同，用来评价和实施“公正”的基本原则也不同，由此而体现出公正的价值准则的差异性。古代“差等化”、近现代“平等化”、当代“公平化”的公正指向，显现出的正是特定时代人们评判公正与否的价值准则，反映出的也正是一定时期人们在看待公正问题时的价值维度之一。但无论在什么时代和社会制度下，蕴含在“正义”旗帜下的基本价值内核，即各司其职、各尽其能、各得其所，以及体现这种“应得”主张的“公正、公平、平等”的基本准则都是具有划时代的价值意义的。

4. 公正的价值取向

公正的价值取向是在公正的价值目标和价值准则基础上形成的，它有着更具现实性的表征，更为直接地反映出一定时期人们在公正问题上的基本理念和实践方式。显然，在不同的时代和社会条件下，由于人们所拥有的价值目标和价值准则不同，便会相应地形成不同的公正价值取向。从一般意义上看，公正的价值取向主要体现为三个方面的差异。

其一，公正的主体取向不同。同样追求公正，不同时代、不同思想家的侧重点不同。从公正主体的角度看，有侧重个人正义（个体化）的，有注重社会正义（群体化）的，也有重视个人正义和社会正义两者统一的。其二，公正的客体取向不同。公正的客体，指的是“公正”目标和准则所指向的对象，表现为人们所获取的公正结果及其“对象物”。在现实生活中，公正的客体通常体现为人们所渴望拥有的诸种社会关系对象，比如公正的权利、平等的地位、正当的权益、公平的待遇等等。其三，公正的治理向度不同。在一定程度上，公正的目标和准则还属于“纸上谈兵”的阶段，真正要实施公正主张，还需在治理的过程中。然而，社会生活的复杂多样性，以及社会主体观念主张的差异性，使得人们在公正的治理向度上有着非常多元化的呈现。

三、公正维度的当代迷失及其现实影响

上述的公正价值维度，涉及的是人类社会的一般性公正问题，可以说，在不同的社会制度下，人们都必然要面对公正的价值目标、价值类型、价值准则及价值取向等问题。区别只在于，在不同的时代、不同的国家制度、迥异的社会环境

下，其所遭遇的具体公正问题大相径庭，因而，人们所面对的公正维度就会包含着十分不同的内涵意蕴，显现出相异的特征。而且，在一定时期里，一些国家还会存在着相当程度的公正维度缺失现象。

以当下中国论，公正问题已经成为人们普遍关注的热点、焦点问题。长期以来我们对公正问题缺乏足够的理性认知，以及在实践中缺少具有针对性和实效性的制度机制，加之社会转型带来的急速的生活方式变迁，使得许多社会问题新旧交织、积重难返。从社会中存在着的不公正现象看，其中，既包括个体权益受到的不公正待遇，如在权利、机会、起点、结果以及程序上的被轻视或被侵犯，也体现为不同阶层、不同区域以及不同性别之间在社会待遇和收入问题上存在的不公正现象；更广泛地表现在社会公共资源空间，如文化教育、医疗卫生、社会保障等方面存在的分配不公问题。社会不公现象已经引起了国人的高度关切甚至强烈反响。值得进一步追问的是：在频繁发生的不公现象的背后，究竟存在着怎样的深层次问题？笔者认为，长期以来，我们可能更多是在感性层面上去感受公正问题，在情绪情感层面去体会和反映不公的待遇，真正从理性层面去深入反思并寻求切实有效的对策上，还存在着许多的疏漏和欠缺。不公现象背后的深层次问题，其中很重要的一点，就是对“公正”所拥有的价值维度缺乏深刻的认知，以至于在现实中存在着相当程度的“迷失”状况。

所谓公正维度的“迷失”，主要表现在两个方面：一是在观念上存在着的公正维度“迷茫”状态，以至于在一定程度上社会成员呈现出对公正价值的无视、轻视、蔑视；二是在社会实践中存在着的公正维度“缺失”现象，从而造成了公正价值实现中的“三无”状态，即无法、无力、无效。

（一）公正维度上的“迷茫”状态及其影响

首先应该看到，虽然我们对一些公正的维度有所关注，但却存在着相当程度的迷茫状态。诸如在公正的价值目标、价值类型、价值准则等方面，人们虽知这些公正价值维度的现实存在，亦不乏对它们的关切之意，但却深陷于种种复杂困境而迷惑难解。比如在公正的价值目标上，或许我们已经关注并重视了其中的根本目标——依照马克思主义对未来理想社会及人的存在状态的预测，我们不断倡导每个人在平等、自由基础上的全面发展目标，并寻求建立一种公正化的社会秩序来保障这一目标的实现。但宏大目标的现实化，需要切实可行的具体目标和途径方法。因此，公正的直接目标——对于每个人的“应得”的重视和兑现，便成为“公正”价值目标得以实现的主要依托。然而，“应得”的目标，需要体现在每个社会成员“各尽所能、各司其职、各得其所”的实际过程中，而这恰恰成为我们面对现实矛盾而难以应对的核心难题。进一步地看，如此种种“应得”需求的实现，又需要建立在诸如经济正义、政治正义、伦理正义等正义（公正）的“价值类型”的基础之上。那么，如何正视不同价值类型的公正问题，进而提出富有针对性的“价值准则”及其相应的对策，以及怎样在解决某种类型的公正问题时，又兼顾其他类型的公正问题的存在，并在统筹兼顾的意义上协调和化解其中的相关问题，已然成为人们深陷困局而迷茫的重要因素。

（二）公正维度上的“缺失”现象及其影响

公正价值维度上的“缺失”，主要体现在公正的价值取向上。而公正的价值取向主要涉及公正的主体、客体以及治理向度等方面。首先，在公正主体究竟是侧重个体还是群体，或是二者兼顾的问题上，我们在实践中存在着相当程度的“迷失”状况，民众的一些正当公正诉求无法得以充分实现。相反，以“公正的名义”，行“不公正之实”，因而满足了少数阶层或个人的“特权式公正”的现象却屡见不鲜。

此外，在公正的治理向度上，我们也一直存在疏漏和缺失。这不但体现在对公正治理向度的学理性研究的不足，更表现在实践中人们对公正治理向度的无所适从：究竟该重视公正德性的培养，还是公正制度的建构？形式正义和实质正义孰轻孰重？如何权衡它们在现实中的价值？由于中国传统公正观过于偏重个体的德性修养而相对轻视公正的制度建构，当下之中国，无论在思想界还是实践领域，对于公正制度的重要性和意义的关注空前高涨。这样一种治理向度的转换，当然是因应时代条件和社会需要的明智选择。但也应当意识到，制度的建立和实施取决于人。再好的制度，如果缺乏具有优良公正品行的执行者和参与者，同样可能流于形式以致失去其存在的价值。因而，在我们高度重视公正制度建构的同时，切不可忽视个体公正德性的养成。

就形式正义和实质正义的治理指向看，其间涉及的是公正的形式与内容、过程与结果的关系。在一般意义上说，两种治理向度中，人们会不自觉地倾向于公正实施的实际内容及其实质性结果，这符合人们对待事物的常理。但值得关注的是，对严重的不公正现象的深恶痛绝，以及对公正社会环境的极度渴求，引发了民众强烈且急切地获取公正结果的心态，导致寻求公正的“急功近利”之气氛。如此状态，极易导致对其中程序性和过程性环节的轻视或者放弃。实际上，任何事物的存在与发展都需要经过一定的过程和环节，而人们在获取自身的权益以及在维护公共生活秩序的过程中，也都必须有一定的程序和规则。尤其在公正问题上，某种权利和利益的正当维护，某些社会公共产品的公正享有，甚至一个法律案件或社会事件的公正处理，如果缺乏对其中相关要素的准确了解，缺少关涉利害关系的相关证据，进而缺少环环相扣的审判程序，就不可能真正获得公正的结果，以至达到实质性的公正效应。因而，无论“形式正义”还是“实质正义”的治理取向，都存在着各自的优势和局限。或许，直面严峻的现实，我们需要尽快找到实现“公正”结果的有效治理方法，但因为历史的缺漏和长期的缺失，则更需要对保障公正结果的严密的程序和规则之遵守。

总之，面对当下的公正现状及其问题，尤为需要以冷静的态度和清醒的意识，正视我们在公正价值维度上存在的迷失状况，而后理性地反思、辩证地考量，进而做出明智的抉择，方可真正达至公正价值目标的有效实现。

第三章

幸福与公正的价值关系及其现实指向

“幸福”与“公正”，不仅是社会发展进程中极为重要的价值对象，更是人类生活的根本价值目标。在古希腊时期，“幸福”“公正”及其关系问题已经引起了哲学家们的高度关切。与之前的哲学家只是一味地探讨自然哲学不同，苏格拉底首先实现了把哲学“从天上拉回到人间”的研究主题和研究进路的转换。如此一来，对于人世间的现实问题研究，便成为其后许多哲学家关注的重点，也正因如此，伦理学和政治学作为实践哲学得以诞生，并成为哲学以及社会科学研究的重要门类。而“幸福与公正”作为哲学、伦理学和政治学等诸多学科研究的核心问题，则历来为人们所关注和探究，并且，无论是在观念层面还是实践领域，“幸福与公正”的问题都无疑是一个值得高度重视的理论和现实课题。

显然，对于人类及其个体而言，如何以更加幸福的方式和状态生存于世，始终是个最为重要的生存命题和现实问题。但幸福生活的获取和拥有并非唾手可得，需要有坚实可靠的现实支点。所谓的现实支点，体现为诸多内外在和主客观条件，这些条件，不仅仅是个体化的，而且是社会性的——必须构建公正有序的制度机制和社会环境，并以此作为人类生活良序化的重要支撑。这是人作为社会性动物的重要生存支点。在古希腊人看来，人应当怎样生活显然首先是一个伦理学问题：构成人生意义的至善或幸福究竟是什么？幸福在于何种生活方式？但由于人是政治性的动物，注定要过社会的生活，一个人只有在城邦中才能获得自己的幸福和事业，因此如何让个人过上幸福生活还要解决一个政治学的问题：什么样的政治体制或政府形式能最好地帮助人实现幸福的生活方式？[①]如此，“公正与幸福”的关联性便显现出它的特定价值和重要意义。

“公正”与“幸福”，看似两个不同的价值现象，其实，不论对于个体生存还是社会生活而言，实质上蕴含的是“一体两面”的问题——“幸福”是人类生活世代追求的根本价值目标，而“公正”则是人们获取“幸福生活”的社会依托和制度保障，其间构成的是目标和手段的关系。换言之，对于人类生活而言，二者密切相关，进而形成一个价值共同体。其中，人本身是价值共同体的主宰，基于人的存在发展需要，“幸福”成为人类生活的重要价值目标，而“公正”则是重要支撑。

本章着重探讨的便是“幸福与公正”的相互关系。虽言“相互关系”，但并不是在平面意义上分析其间的相互关联性。研究的侧重点和落脚点在于主体的“幸福”指向，“公正”的存在价值和意义则必须建立在它对于人类生存发展及其幸福生活的推进作用之上。需要进一步指出的是，本章对于“公正”与“幸福”关系的探析，建基于“普遍主义”的立场上——既关注普遍性的“社会公正”，更重视普遍性的“民众幸福”，在此基础上，进而探究二者之间的相互关系和价值指向。

第一节　普遍幸福：社会公正的根本价值目标

前文围绕“公正”的话题展开了一系列历史与现实、理念与实践的探讨，尤为侧重探析了公正的价值维度问题。这是一个有关公正问题的价值内核的探究，十分必要和富有意义。而在公正的诸多价值维度中，公正的价值目标显然意义重大。其中，笔者就公正的价值目标又做了两个层面的划分，一是其根本目标，二是其直接目标。公正的根本目标，是在自由平等基础上的民众幸福生活。

---

① 徐大建：《西方公平正义思想的演变及启示》，《上海财经大学学报》2012 年第 3 期，第 5 页。

一、社会公正的根本目标指向——民众幸福生活

有关“公正”（正义）在社会生活中的地位和意义，罗尔斯的著名论断极富代表性：正义是社会制度的首要价值，正像真理是思想体系的首要价值一样。①显而易见，罗尔斯对于“正义”的价值意义格外青睐，以至于将其摆在社会制度的所有价值之首。对此，已有一些学者质疑，社群主义代表人物桑德尔便指出：正义既不是所有社会美德中最高的也不是首要的。他认为：正义是社会制度的首要美德，并非像真理之于理论那样绝对，而是有条件的，正如身体的勇敢之于战场。②

当然，对于一定的社会制度而言，“正义”（公正）的重要性毋庸置疑。但罗尔斯的观点似乎存在着这样一个问题：他只是在一般意义上指出了“正义”的重要性，但对“首要价值”的表述还缺乏更为准确的价值定位，即在其价值层次上进行明晰的界分。在“公正”这一价值对象的价值构成关系上，存在着“价值准则”和“价值目标”的不同。显然，准则是应当服务于其目标的。

其实，从根本上说，“正义”“正当”或者“善”，抑或其他政治、道德或法律的价值范畴，其存在的价值都还只是在手段或工具意义上的，它们都是环绕着人类的生存发展需要而生长并确立起来的，因而，都应当有着更为根本的目标指向，最终的存在价值则在于为人类的美好生活谋福利。因此，当人们高度重视“正义”的存在价值之时，切不可以一时的情绪化倾向强化它的价值意义，而应当以一种理性的态度，恰切地赋予“正义”应有的地位。

（一）公正的当代价值指向及其意义

言及“公正”的价值目标，仅仅停留于文字表述上的逻辑推论和辨析是远远不够的。其实，“公正”抑或其他社会生活的价值范畴及其价值意义的确立，都

① 罗尔斯：《正义论》，何怀宏、何包钢、廖申白译，北京：中国社会科学出版社，1988 年版，第 3 页。

② 桑德尔：《自由主义与正义的局限》，万俊人，等译，南京：译林出版社，2001 年版，第 39 页。

有着内在的人性基础和深刻的社会成因。不论哪种学科或者哪位思想家，在其论证相关范畴和问题的价值意义之时，都难以脱离或者回避人的存在的历史或现实境遇，更难以摆脱人性的需要而设定其思想依据。

在当今社会历史条件下，再度反思“公正”的存在价值，会发现我们正自觉不自觉地偏离公正的价值目标，而且在许多方面、在很大程度上似乎正背离“公正”的价值诉求。当代社会存在的城乡差距、贫富悬殊、阶层分化等诸现象，其背后隐藏着的是十分严峻的社会公正问题。一方面，社会成员存在着相当程度上的公正观扭曲现象。在实际生活中，其显现为人们不仅在“何为公正”的内在精神意涵上难以切实把握，而且在“如何公正”的路径选择上缺乏方向、无以应对；另一方面，其中潜藏着的更严重的问题是，我们在“公正”的根本价值目标上存在着相当程度的迷失。

由于社会形态的巨大变迁，人类生活方式的全新转换，社会生活愈加丰富多元化，人的欲求则更加复杂多样化。人类面对愈发错综复杂的社会关系以及矛盾重重的生存现状，一方面倍加欲求幸福生活的获取，另一方面却面对困境而茫然无措。如此，“公正”这一关涉社会制度德性化以及社会关系有序化的独特价值对象，便担负起了更为艰巨的使命。从当代社会生活的迫切需求看，“公正”的两大目标指向尤为凸显：其一是社会关系的公平化和社会生活的良序化；其二是主体地位的平等化和民众生活的优质化。而究其根本，则最终的目的便是民众幸福生活的营造。因此，探讨公正问题，不论是在观念层面还是实践层面，首先应当注重的便是它的根本目标——民众幸福指向。这既是公正问题的目标归宿，也是公正问题的理论和现实出发点。

（二）公正目标的确立基点和基本立场

按照实践的发展过程以及观念的演进轨迹，在人们重视并力求“公正”价值目标实现的进程中，首先需要确立的是支撑公正价值目标的理论基点及现实立场：“公正”本身是一种极为“刚性化”的社会现象，但蕴藏其后并促使其价值提升的却是一种“柔性化”的力量——在理论上可以叫作“人本主义”的立场方法；在实践中，则是一种“幸福主义”的目标诉求。为此，有一个最为基本、极为重要的理论基石必须引起充分的关注，即人性及其基本需求。

公正现象的产生，源自人类生活秩序化的需要，公正问题的存续和完善亦建基于人类社会生存发展之必需。“人”及其属性决定了其所构建的所有事物的存在价值。因此，我们探讨“公正”抑或“幸福”的问题，一定绕不开人的本性和需要。

众所周知，人的基本属性包含着自然属性、社会属性及精神属性。由于对自然属性的拥有，人脱离不了“兽性”的一面。但人毕竟有其独特的社会属性，因而，其自然属性又有着不同于一般动物的特点，形成了“人性化”的“自然性”。恩格斯说：人来源于动物界这一事实已经决定人永远不能完全摆脱兽性，所以问题永远只能在于摆脱得多些或少些，在于兽性和人性的程度上的差异。人的“社会性”和“精神性”特质，远远超出一般动物的特性。人类不仅以自己独有的意识能动性改造着它所要生存的环境，而且以高度的自觉性建构起了复杂的社会有机体。

人性的构成是复杂的，人性概念作为人各种属性的抽象综合，涵盖着一个系统，在这个系统内，各种属性的系统层次高低是不同的，其中最高系统质是该系统的代表质，也就是最根本的性质。[①]由于人所具有的社会和精神属性，人比其他动物高级得多，在面对复杂艰难的困境时，能够做出反应并提出不同的应对之策。

人性的丰富性及其需求的多样性是显而易见的。值得我们重视的是，无论是低层次还是高层次的需求，需求本身并非目的——人类无非是要在一个个需求满足的过程中，获得一种主观上的幸福感。换言之，对于幸福生活的拥有才是最本质的目的。当然，不同层次需求的满足所带来的幸福感也自然会有层次高低之分。“高级需求”的满足，给人带来的幸福感应当说是最深沉和最持久的。

有鉴于此，当人们连篇累牍地讨论“公正”的理论问题，孜孜以求地探究“公正”的现实问题时，其目标指向倘若偏离了人的本质需求，仅仅限于“公正”本身如何怎样，那将大大折损“公正”的价值意义。党中央把“促进社会公平正义、增进人民福祉”当作全面深化改革的“出发点和落脚点”，充分显示了对于“公平正义”与“人民福祉”密切关系的洞见。这不仅揭示出中国社会发展的根

① 葛晨虹：《人性论》，北京：中国青年出版社，2001 年版，第 150 页。

本目的所在，更是对民心民意的真诚回应和真切表达。这样一种改革目标的设定，不但是历史和现实发展的大势所趋，而且更是基于对人性需求的深刻洞察和深切关注。

二、社会公正的幸福主体指向——民众普遍幸福

两千多年前，柏拉图便将“正义”区分为“城邦正义”和“个人正义”，并就它们各自蕴含的基本要义及其实现方式予以了哲学层面上的探究。有关“正义”的这样一种划分，大致区分了“正义”在社会生活中的存在形态，今天依然有它的现实意义。用现代人的表述，“城邦正义”即“社会性正义”或者“社会公正”。显然，“社会公正”关涉的是社会“整体性”的公正问题，而它所要面对并且所要维护的对象自然应当是全体民众。从进一步的意义上看，“社会性公正”所要指向的目标主体便应当是“普遍意义”上的“民众的幸福”。柏拉图指出：我们的首要任务乃是铸造一个整体的幸福国家。①柏拉图的精辟见解，已经为后人引领了前行的方向：“整体的幸福国家”必须是一个全体民众共享其幸福美好的国家。

显然，“普遍幸福”的概念，其所要关注的主体，一定是社会中最大范围意义上的民众；而它所要寻求的幸福生活，必定是建立在对多样化的社会资源公平享有基础上的生活状态。具体地说，“普遍幸福”应当包含两个基本层面的意蕴：一是幸福主体的普遍性；二是幸福内涵（内容、要素）的普遍性。

（一）幸福主体的普遍性：全体民众的幸福

对于幸福生活的追求，是每一位生存于世间的社会主体的共同人生目标。但由于历史与现实、主观与客观以及社会与个体等种种因素的限制，每个人所能获取的生存条件极为不同，人与人之间的生存境遇悬殊，因而，所能拥有的生活状态和幸福感受大相径庭。正因如此，从古到今、从东方到西方，一代代的仁人志士为了谋取人类的幸福生活需要前赴后继付出艰苦卓绝的努力。而对于“整

① 柏拉图：《理想国》，郭斌和、张竹明译，北京：商务印书馆，1986年版，第66页。

体的幸福国家”的希冀和追寻，古往今来亦从未停止过：从古希腊的“理想国”到古代中国的“大同社会”，从欧洲的“空想社会主义”理念到“中国特色社会主义”实践。尤其到当代，由于生产力的迅速发展、生活方式的日新月异，人们对于社会制度的良序化、对于生活状态的优质化需求愈发提升。为此，在更大幅度上改善民众的生存条件，并寻求在最大范围内提升民众的生活品质，以营造民众的普遍幸福状态，成为一个国家及其执政党的根本使命。马克思说：过去的一切运动都是少数人的，或者为少数人谋利益的运动。无产阶级的运动是绝大多数人的，为绝大多数人谋利益的独立的运动。[①]创新、协调、绿色、开放、共享五大发展理念的提出和实践，是关系到中国社会发展全局的一场深刻的观念革新和社会变革。而值得特别关注的是，在五大发展理念中，“共享”的理念是其他发展理念的出发点和落脚点。“共享”的理念和主张，非常鲜明地表达了中国共产党力求为广大民众谋幸福的价值取向，体现出了强烈的“以人为本”的精神特质。

应该看到，我国改革开放 40 多年的发展历程，使得社会生产力获得了快速发展，人民的物质生活水平得到较大幅度的改善。但是，由于历史和现实、自然条件和制度机制等诸多因素的影响，不同地区之间、城乡之间以及不同社会阶层之间，在生存条件、收入分配以及社会地位等方面，还存在着相当程度的差距。

作为一个社会主义国家，制度的内在本质已经决定了我们的根本使命就是要为人民大众谋幸福。因而，让改革发展的成果实现全民共享，不仅是社会主义发展的本质要求，更是我国基本政治制度优越性的体现。从现实的层面上看，要想让全体民众在真正意义上“共享”我国社会的发展成果，则必须建立起更加公平正义的社会环境。

（二）幸福内涵的普遍性：幸福要素的普遍性拥有

所谓“幸福内涵”，指的是“幸福”之所以然的内在意蕴，体现为幸福生活的内在品质状况。它在现实中呈现为构成幸福生活的诸多要素及其实现状态。

① 中共中央马克思恩格斯列宁斯大林著作编译局：《马克思恩格斯文集》第 2 卷，北京：人民出版社，2009 年版，第 42 页。

“幸福内涵的普遍性”强调的是主体在幸福诸要素拥有上的丰富性：在一般意义上，一个现实的人，要想拥有真正幸福的生活，除了需要在基本生存条件以及基本权益上得到一定的保障，同时，他又总是希望能够尽可能多地获取提升其生活品质的多样性要素。在此，社会公正的意义就在于，在最大限度上保障公民对于基本幸福要素的普遍拥有，由此而构建起一个人人平等享有其丰富人生的社会状态。

上述有关幸福主体普遍性的探讨，涉及幸福享有者在范围上的广泛性，侧重于全体民众对于幸福生活的“共享”。进一步看，在现实的层面上，幸福主体对于幸福生活的实际享有状态还关涉他们对于幸福要素的拥有状况。如果说“幸福主体”关涉的是幸福构成的外延方面，那么“幸福要素”则体现的是幸福构成的内涵层面。应该看到，“幸福要素”的拥有状况是反映主体幸福状态的更为内在的、深层次的问题。因为，即使我们重视每位社会成员对于幸福生活的普遍期望，意图予以所有主体一种幸福生活，但在实际的幸福要素的赋予上却存在明显的缺失，其结果只不过是开出了一张无法兑现的“空头支票”。

应当进一步关注的是，在社会生活中，幸福的构成要素具有多样性和层次性：既包括宏观的社会生活领域，也涉及微观的个体生活层面；既关涉特定行业里的资源，也涵盖公共生活中的资源。而论及幸福要素的实际拥有问题，则需要人们予以更为深入的考量。首先，从宏观的层面上说，为了使民众在真正的意义上享有幸福生活，一个国家的政党及其所领导的政府，应当充分保障公民在政治、经济、法律、文化、宗教以及其他领域的基本权利的拥有。

然而，社会生活的复杂性和严峻性告诉我们，要实现幸福要素的普遍性拥有，仅仅依靠一定的物质条件和社会财富还远远不够。更重要的是，在人口众多、结构复杂且区域状况极为多样化的国家，如何让有限的社会财富实现最大限度的公平化分享，是在真正意义上确保民众共享幸福生活的重要前提。显然，一个公平正义的社会环境，是达到民众“普遍幸福”的先决条件。人们既然生活在同一片天空下，拥有同一个社会共同体，在其中获得基本权益上的公平对待理所应当。马克思指出：只有在共同体中，个人才能获得全面发展其才能的手段，也就是说，只有在共同体中才可能有个人自由。[1]然而，在一定共同体中所蕴含的资源和财富总是十分有限的，若想让共同体所有成员公平分享其中的资源和财富，必然需要一个健全而强大的社会公正制度来保障。因此，在公平正义的旗帜下建立和完善真正体现“正义”精神的制度和机制，以确保民众充分共享幸福的多样性要素，从而在最大限度上实现民众的普遍幸福，是我们必须高度关注和亟待研究的重大课题。

第二节　公平正义：民众幸福的重要社会支点

前文探讨了社会公正的价值目标和主体指向，对社会公正应当重视的“民众普遍幸福”予以了高度的关注。然而，无论是就“幸福主体”的广泛性，还是就“幸福要素”的丰富性看，“普遍幸福”的获取都必须建立在一定的社会基础之上。换言之，一个社会为了确保全体民众都能过上“好生活”，就应当提供一个所有公民都能公平共享社会发展成果的平台。而构建一个公平正义的社会环境，则成为支撑民众幸福生活的重要社会支点，由此，“公平正义”的价值意义方得以显现。

言及于此，可以明显地看到，围绕“民众普遍幸福”的话题，有两个密切相关的问题应当引起重视，其一是“幸福”问题的起点和归宿——人性的特点及其基本需求。生活品质的提升以及主观幸福感的拥有，是人生在世的内在欲求，体现了人性的必然要求。其二是“幸福”问题的根据和依托——公平正义的制度机制，以及由此而形成的公平的社会环境。因而，对于幸福生活的追寻，停留于观念上的议论和逻辑上的空谈是无济于事的。既要在实际的意义上满足人的需求，进而达致一种幸福的生活状态，更需要以“社会公正”这一现实的社会条件作为重要支撑。马克思的正义思想有两大特点和优点：一是人本学的立场——立足

① 中共中央马克思恩格斯列宁斯大林著作编译局：《马克思恩格斯文集》第1卷，北京：人民出版社，2009年版，第571页。

于工人阶级、劳动大众和人的现实存在；二是真实的历史感——超验性范畴表征为人的实践和它所创造的历史的展现及其完成。[①]显然，基于人的现实的生存发展要求，进而以人类的社会实践活动为依托，方可实现人类所要追求的理想生活。人类的社会实践及其历史进程，其实就是一个不断向着使人更加幸福的生活状态进发的过程。

那么，在推进民众福祉实现的进程中，如何做到以“公平正义”的价值理念为指向，创设一个真正具有“公正性”的社会环境，以确保全体民众在共享社会成果的基础上，获得一种切实可靠的“幸福感”？在此，最为核心的问题便是“社会制度的公正化建构”。人类社会的发展历程表明，“公正性”是一个社会制度的内在本质要求及其根本价值内核：一种社会制度体系的建立，其初衷是要营造社会生活的公平有序状态，在此基础上，为民众构建一个公平正义的社会环境，进而为民众的幸福生活提供必要的社会支持。一个不具有“公正性”的社会制度，不仅不能够带给民众以福祉，相反，还会导致社会的无序状态，甚至造成相当程度的灾难性后果。这样的社会制度必然会由于其公正性的缺失而受到民众的排斥和抵制，以致丧失它的存在意义。在探究“社会制度公正化”的过程中，必然要涉及两个密切相关的问题，此即“公正的制度化”与“制度的公正化”问题——这是一个道德理想与现实困境、价值确证与制度建构之间相互影响、互相印证，进而力求在相得益彰的基础上实现制度完善化的过程。其中，既应当包含对于人类道德信念的考量，也需要体现政治实践的可操作性，而其最终目的则是要在现实性的意义上构建一种良序化的社会环境。

一、公正的制度化——由理念到现实的进路

“公正的制度化”是一个由理念到现实的过程，是欲求将人类有关“公正”的价值理念和道德理想刚性化并付诸实践的进程。在此过程中，人们总是力求将业已形成的公正观转化为实际的制度规则。显然，在不同的历史时代以及相

① 参见何中华：《重读马克思——一种哲学观的当代诠释》，济南：山东人民出版社，2009年版，第160-163页。

异的社会境遇下，人们有着不同的公正理念和价值诉求，因而，由此而确立的制度规则必然会直接或间接地体现特定时期的公正价值取向。进一步看，在推进“公正制度化”的进程中，有两个逻辑关系紧密相连进而在实践层面前后相续的问题必须引起重视：一是我们要选择怎样的公正理念作为制度的观念基础；二是如何将我们认为正确或者正当的公正观和原则转化为现实可行的制度规则。

首先，我们要面对的是选择怎样的公正价值观。在此，道德的考量当为首要任务，而其实质是一个寻求制度“正当性”的过程。

应当看到，无论在怎样的时代环境下，人们欲求建立的社会制度，都需要以一定的道德基础作为其确立的根据。缺乏伦理根基和道德支撑的制度体系，是难以让人信服的，也极易失去它的制度威信和应有的社会效力。而论及制度建构中的道德观念基础，有两个方面的现象需要关注：一方面，由于不同的民族和国家，其所处的时代条件、社会环境以及思想传统大相径庭，因此，道德观念一定存在着明显的时代、民族和国度上的差异性。如此，在确定何为合理或正当的道德观念以及以哪些道德原则作为制度的确立基础上，必定见仁见智、莫衷一是。但另一方面，人类又存在着具有普遍意义的道德价值理念，作为人类的道德共识和价值内核，它们应当成为所有社会制度确立的基本道德基础。在“正义”或“公正”的观念问题上，同样面临着上述两个方面的矛盾和抉择。然而，古今中外的发展史以及不同时代思想家们的智慧告诫人们，不论世事如何变幻以及社会状况如何迥异，“正义”的精神实质都是一脉相承并应一以贯之的：尊重每个社会成员的基本权利，在自由选择的基础上，让所有个体各尽其职、各得其所。换言之，维护生活于社会中的所有民众的公平生存权益，进而保障民众在公平竞争基础上获取个人的幸福生活，是一定社会制度“公正性”必须拥有的基本价值内核。那么，在此意义上，该制度存在的“正当性”得以体现。

其次，我们需要关注的是“公正观”的制度化过程。这是一个寻求理念的“现实化”的进程，是将已经选择并确立的“公正观”付诸实践并对社会生活发挥作用的重要阶段。要让蕴含道德精神的公正思想现实化，需要寻找“接地气”的方式和路径，以促使其现实化和对象化。其间，有三个相互关联且循序渐进的环节必须引起重视。

其一，公正观念的合理性。拥有道德的根基，还只是“公正观”确立的前提条件，要使一种具有道德气质的公正理念转化为现实的制度机制，还需要使其具有现实可行性。在此，便涉及公正观的合理性问题，而“合理性”的题中之义应当是其“现实性”。因此，在促使一定的“公正观”纳入特定的制度体系之初，选择符合一定时代条件和特定社会环境的公正理念，亦即确立具有现实合理性的公正观念是一项首要的任务。

其二，公正原则的可行性。公正理念不过是存在于观念层面的思想形式，虽然它已经通过人们的筛选具有了内容上的“合理性”和一定程度上的“现实性”，但与现实生活尚有一定的距离，也就是说它在可行性上存在明显不足。因此，在公正理念走向制度化的行程中依然“任重道远”。首先，我们需要将公正的思想观念“原则化”，以增强“公正观”的可行性。“公正原则”的制定，是要对人类丰富多元的公正思想予以提炼，从中发现核心化的公正信念进而将其凝练为思想的准则。其次，便是公正原则的可行性问题。当一个社会的公正原则确立起来之后，欲使其现实化，还应着手进行原则的层次划分，以强化原则的现实效应。在此意义上，公正理念及其原则的可行性方可获得不同程度的提升。

其三，公正理念的制度化。无论是公正的观念还是公正的原则，在其推进社会生活公平化的过程中，最后都必须以一定的制度规则的形式确定下来并付诸实践。在此，首先要着手进行的是公正原则的规范化处理。这是从可行性的角度，将人们抉择后的观念和原则转换为各种具有可操作性的规章条例，以便民众在社会生活的各方面都能够有章可循、有法可依。

二、制度的公正化——制度“德性化”的进程

“制度的公正化”与“公正的制度化”既相向而行又相续前行，在其间相互作用和互相影响的关系模式中，实现了制度“公正性”的塑造和完善。

“公正的制度化”关注的是道德的理想追求如何转化为现实的制度规则，这是一个由柔至刚的过程，其目的在于，让柔性的道德理念拥有改变世界的力量和可能。而“制度的公正化”则是寻求制度自身不断趋于“公平正义”的态势，这一态势所要寻求的是对既有的制度体系予以内在德性的重塑和再造。而在此过程中，每个国家都需要面对不同人们的生存发展要求，依照“正义”的一般原

则以及特定时期所提出的“公正”主张进行自我反思以及自我修正，进而力求使制度的存在发展不过于偏离“正义”的轨道。从伦理学的视角看，这是制度不断寻求“德性化”的进程。从公正的角度来看，制度公正是最根本的公正，公正唯有通过制度的载体才能得到最终实现；从制度的角度看，公正是制度设计和运行的首要价值和核心宗旨，缺此，制度也就失去了灵魂和价值。[①]而无论哪一种发展的方向和路径，其核心目标只有一个——力求使该社会的制度体系更加具有“公正”的品质，以符合和满足人的本质需求，进而提升主体的普遍幸福感。

众所周知，一定的社会制度是因应人的生存发展需要而建立起来的。由于人性的复杂性及其善恶兼具的特点，人所构建起来的社会制度一定存在着不同程度的问题甚至弊端。即使是按照所谓的公正理念而建立起来的制度规则，随着时间的推移、社会的变迁以及人性的变化，也存在着诸多不正当、不合理的因素。因此，正视社会的复杂多变以及人自身的不足，根据不断变化了的社会现实，适时地调整和改革制度中不合理甚至不公正的规则和环节，是一种社会制度趋向公正化的必由之路。

“制度的公正化”是一个动态进程，这一进程首先应当建立在人们对于现存制度不断反省的基础上——反省的用意在于检讨制度的“公正性”程度。罗尔斯认为：一种理论，无论它多么精致和简洁，只要它不真实，就必须加以拒绝或修正。同样，某些法律和制度，不管它们如何有效率和有条理，只要它们不公正，就必须加以改造或废除。[②]而论及“制度的公正性”指向，在其现实性的意义上，应当体现为制度本身是否具有“正当性”与“合理性”。换言之，是要看该制度在其实际的设计和运行过程中，是否呈现为一种“恰当”的制度安排，从而体现出人们一贯提倡的“应得”的“正义”价值。那么，为了有效实现制度的公正化建构，以下两方面的维度应当着力把握。

（一）制度建构基础的正当性

任何一种社会制度，若想拥有其确立的“正当性”，从而获得其存在的“合

---

① 杨海龙：《制度公正和国家治理现代化探析》，《中国行政管理》2014 年第 11 期，第 60 页。

② 罗尔斯：《正义论》，何怀宏、何包钢、廖申白译，北京：中国社会科学出版社，1988 年版，第 3 页。

理性”，就必须建立在一定的基础之上。在此，需要关注两个基本的思考路径：一是重视对人性的考量，从而在最大限度上满足人的生存发展需要；二是关注社会的复杂多样性，力求在最大程度上实现社会生活有序化的要求。基于这两条思考路径，在制度的设计建构上，应当着重从以下两方面入手：一是明确制度设计的逻辑起点；二是注重制度建构的现实基础。

1. 制度设计的逻辑起点

必须高度重视和深刻考量人性的特点和需求，把人性的缺陷看作制度公正化设计的逻辑起点，以此为前提方可确立符合人性特点并使之趋向良善化的规则。

有关人性在制度建构中的影响，古今中外思想家都十分重视，尤其是在以“人性恶”作为文化基因考量的西方文化传统中，有关人的缺陷及其与制度建构的关系备受瞩目。而从人类社会发展的历史与现实看，把人的缺陷看作是国家形成以及制度确立的逻辑起点，应当说有着一定的客观真理性。霍布斯关于国家建立基础的观点极具代表性。他从“性恶论”出发，指出人在“自然状态”下将会导致“一切人反对一切人的战争”，而且“人对人像狼一样”，这种人人相互为战的战争状态，还会产生一种结果，那便是不可能有任何事情是不公道的。是和非以及公正与不公正的概念在这儿都不存在。[①]为此，需要一个强有力的国家机器“利维坦”来控约和管理。萨特（Sartre）以“存在主义”的眼光，看到人的自由选择的可能以及现实的阻碍，从透析“他人即地狱”的人的生存境况入手，探讨人走向自由的出路。

思想家有关人的兽性及其丑陋性的观点尽管并非关涉人性之所有，但确实道出了人的存在的负面状态。那么，由于人类与生俱来的缺陷，加之不可避免的自私、贪婪、敌意等负向心理的存在，若想获得安定有序、公平正义的生存环境，显然必须依靠一定的制度规范来约束和调节。而基于这样一种人性观照和现实关切之上的制度建构，才有可能获得其应有的正当性（公正性）基础。

2. 制度建构的现实基础

制度的确立必须建基于坚实的基础之上，应当具有符合社会发展规律的现

① 霍布斯：《利维坦》，黎思复、黎廷弼译，北京：商务印书馆，1985年版，第96页。

实合理性，如此方能生发出其对社会生活的强大调控效力。

虽说制度是人的观念及其活动的产物，但一种制度规则的诞生一定不是建立在人的主观随意性的基础之上的，它必定要受到各种客观现实因素的制约和影响。有关人的缺陷及其作为制度设计的逻辑起点的考量，还只是涉及制度确立的一个基点和维度。马克思认为：人不是抽象的蛰居于世界之外的存在物。人就是人的世界，就是国家，社会。[①]可见，人不仅是具有强烈主观性的主体，也是寄生于现实生活世界中的客体，人本身就是一个深受多样化社会关系缠绕的主客观集合体。那么，面对庞大而复杂的社会制度体系的建立，倘要确保其具有充分的“公正性”及“合理性”，人们创设社会制度的行为，必然要兼顾更为复杂多样的现实因素和条件。制度的形成和完善是一个复杂而漫长的过程，又是一项巨大的社会工程，它所牵涉到的社会关系千丝万缕、错综复杂。那么，如何使一种人们千辛万苦建立起来的制度能够产生应有的调控社会关系的效力？在根本的意义上，就是应当充分遵循社会发展的客观规律，正视现实的社会生活状况。以此为据，才能建立起一个具有充分现实合理性的社会制度。换言之，一种社会制度的确立一定绕不开它所处的特定社会中的各种客观的因素，诸如经济的、政治的、法律的、宗教的、文化的等社会关系。而且，人们的公正理念以及在此基础上形成的制度的观念雏形，也必然要受制于一定的历史和现实的客观要素，而其中，关涉人的切身利益的关系则是影响最大和最为直接的。总之，我们产生什么样的公正观念，我们需要建立怎样的公平社会，都深受特定时代的客观社会条件的制约。

（二）制度体系安排的合理性

当人们明晰了制度确立的正当性基础，随之而来的便是制度体系的现实安排问题。相较而言，“制度基础”及其本质要求是制度建立的内在依据和前提，属于制度的“内涵”层面，而“制度体系”涉及的则是制度建立的架构状态，亦即制度的“形式”层面。在“正义”的分类问题上，人们通常将其在大类上区分为“实质正义”和“程序正义”，或曰“内容正义”和“形式正义”。“实质正义”

① 中共中央马克思恩格斯列宁斯大林著作编译局：《马克思恩格斯选集》第1卷，北京：人民出版社，2012年版，第1页。

关注的是“正义”的价值指向和精神内核。上述有关制度建构基础的论述，主要探讨的便是“制度正义”的内在要求和实质指向。然而，再好的公正理念也还只是“纸上谈兵”，它需要借助一定的制度体系来验证其“正当性”所在及其价值几何。需要指出的是，笔者在此并非要探讨制度建构中的具体程序和环节，而是就制度体系安排的一般性要求及其特质予以探究。那么，从最基本的意义上看，制度体系在其现实安排中，应当注重以下三方面特质的塑形。

1. 制度体系的现实性

欲使已然确立的蕴含“公正性”的制度理念，转化为具有实际效力的制度规则，“现实性”是制度首要的特征和要求。“现实性”意味着“合理性”，当然，其内在意蕴是要符合现实的人的生存发展需要以及社会发展的规律性。

2. 制度体系的系统性

一个现实的社会有机体，是一个高度复杂且不断变化着的矛盾集合体。那么，要确保民众在安定有序的状态下拥有公平正义的生活环境，制度体系的系统性建构极为重要。在此，首要的前提，就是应当充分尊重并重视社会生活的复杂多样性，进而构建起层次多样、结构严密、有机统一的制度体系，以助推公平正义在全社会的实现。论及制度体系的系统化建构，主要应当关注三大层面的问题。

其一，“核心制度群”的公正性建构。所谓的核心制度亦即社会的基本制度，主要指的是那些关系到社会性质和制度本质的最高层次的制度构成。其中，不仅涉及政治、经济、法律等多样化的制度样态，而且，这些多样化的基本制度又存在着自上而下、由内而外、主次分明的系统结构，从而形成一个国家的“核心制度群”。其公正性如何，直接制约和影响着其他层次制度的存在状态。

其二，“主干性制度”的层次化设计。在“核心制度群”确立的基础上，紧接而来的便是“主干性制度”的建构问题。其实，它关涉一个社会有机体的“躯干”问题，类似于纵横交错的“十字”架构。纵向的制度架构，是一个国家从上而下的不同层次的制度构成状态，通常表现为由中央到地方的不同的制度、规则及规章等。另一层面，则是横向的制度架构，它所关涉的是同一层次的制度构成。在中国这样一个幅员辽阔、多元差异、层次复杂的国度里，横向层面的制度建构在一定程度上更为复杂和艰难。因而，“主干性制度”的确立是否正当而合理，对于一座社会大厦的稳定性关系重大。

其三，“类型化制度”的完善性塑造。在制度体系的建构中，那些对应于不同社会生活领域的不同类型的制度规则，是实现社会制度建构完善化的重要构成。忽视或遗漏其中某个领域，或是某一领域的制度规范存在明显疏漏，必然会影响社会生活的安定祥和以及民众幸福感的提升。因此，一方面，我们需要以更加“公正化”的理念来完善和再造现有的制度规则；另一方面，应当进一步探索更为有效的方式和途径来提升相关制度的社会效力。

3. 制度体系的可行性

制度体系的“现实性”与“系统性”建构，已经为一个社会制度的确立提供了足够的前提条件，使得制度的建立和完备成为可能，也为制度存在的“合理性”打下了坚实的基础。然而，要使一个社会的制度体系不仅“好看”而且“好用”，真正起到促使社会良序化的作用，还应当关注它的“可行性”问题，否则，制度的确立和存在就不过是“画饼充饥”。在社会生活中，要实现制度的可行性，应当侧重从以下三个方面切入。

一是重视并满足社会主体的需求。若想发挥制度应有的效力，必须考量其与人的需求的符合程度。在现实生活中，主体的构成是多样而复杂的，既有单一的个体，也有不同的族群，还有一定的社会团体。而且，不同的个体和群体在生存需求和价值观念上又存在着极大的差异性。那么，在制度的设计上就需要充分考量不同层次、不同特点和有着不同倾向的主体的利益和需求。

二是因应并把握社会客体的特点。在人们确立政治、经济、文化、法律等各种具体制度时，所要面对的对象和解决的事务，便是各种相对应的“制度客体”。由于不同类型的制度需要面对的是各不相同的客体，要想让某一类型的制度产生应有的效力，显然必须在制度确立之初便了解该制度所要应对的“事务”和“对象”，并明确各种不同的客体类型之差异以及对应的处置方式。

三是关注制度规则的可操作性。在现实运作层面上，制度的可行性其实指的是制度的可操作性问题。其中关涉制度设计的两个具体维度：其一是制度设计的科学性，必须力避制度设计者的主观随意性，注重制度体系与社会现实的密切关联度，在认真调查研究的基础上，充分把握现实状况，把尽可能多的困难和变数考虑在先；其二是运作环节的技术性，为使制度在最大程度上产生效力，应力求在技术上实现准确性和便捷性的统一，以提高制度运行的效率。

第三节　普遍幸福视域下的公正机制构建

前文探讨了社会制度的公正化建构问题，明确了制度的公正性对于民众获取幸福生活的重要性。然而，欲借助“正义”的力量实现对“幸福”的追求，仅仅停留于制度建构的观念考量还远远不够，它还只是静态层面的制度设计。要使制度的权威和效力得以切实显现，还需通过动态的运行机制将制度的理想诉求转化为现实的力量。由此，公正机制的构建便显得十分重要而迫切了。

一、公正机制的基本特质及其构建意义

制度体系的公正化建构，已经为民众幸福提供了最基本的制度保障和社会支撑，进一步需要着力的重点，便是相应的社会机制的构建。值得指出的是，“制度”和“机制”的关系，不只是体现在产生时间的先后和构成方式的因果联系上，更重要的是二者之间在内在本质要求和社会价值取向上的相关性。“机制”的建构和设置在其根本要求上必须与“制度”相匹配。换言之，当我们对“制度的公正化”提出了高度的要求，从而确立起充分体现“正义”精神的制度体系之后，相应地，我们所要构建的社会“机制”也必须拥有“正义”的品质。否则，人们期待社会善治和民众幸福的愿望将会付之东流。良好的社会生活秩序取决于制度本身的正义设计、正义安排和正义运行的规范有效性。①

论及“公正的机制”，其基本特质应当体现在以下几个方面。

1. 机制建构模式的现实性

首先需要指出的是，虽然“机制的公正性”与“制度的公正性”在内在本质要求上应当具有一致性，亦即必须同样蕴含并体现基本的“正义”品质，

① 万俊人：《论正义之为社会制度的第一美德》，《哲学研究》2009年第2期，第85页。

但是，“机制”所具有的功能化特点，又要求它应当更多地体现其现实性特质。应当尊重先期确立的具有现实性依据的制度体系，对制度体系中的各组成要素予以全面的了解和通盘的把握，这是建构富有针对性和可行性机制的基本前提。

2. 机制运作方式的合理性

“公正性”的一个内在要求便是“合理性”。而机制的“合理性”要求主要包括三个层面：首先，是要“合”时代发展之“理”——应当重视一定时代条件下的社会发展的潮流，根据当代世界的发展态势来确定机制模式的基本向度。其次，是要“合”社会生活之“理”——必须考察特定社会条件下的现实状况，尤需关注其间存在的问题和矛盾、缺陷和弊端，力求通过机制的特有功能化解矛盾、解决问题。最后，是要“合”人的生存需求之“理”——社会机制的构建，在本质上必须服务于人的现实生活需要，而其根本的归宿则是民众的幸福生活。

3. 机制运行路径的有效性

由于社会生活的复杂多样性，社会机制的路径选择必然是丰富多样的。其中，无论是关涉社会发展总体目标的基本路径，还是关系特定生活领域的具体路径，最为基本的要求就是该路径的现实有效性。而有效性的实现必须基于针对性，在此，路径的选择应当关注两个基本的向度：一是要有正确理念的引领。应当尊重人们经过慎重筛选而确立起来的公正观念，并在正确的公正理念引领下展开路径的探索。二是要有符合现实的针对性。必须重视特定社会中的现实状况，顺势而为、依情而变。时代大势和国情民意，必须成为我们设计制度机制的基本现实依据。

在上述基础上建构起来的公正机制，会因为它自身具有的独特价值而产生对社会生活和人的存在的积极意义：推进制度的公正化进程，促进社会的秩序化状态。

二、公正机制构建的现实向度及其主要类型

基于社会生活状况的复杂性，以及社会成员生存诉求的多样性，社会机制

显然需要多元化的类型构成，从而体现并发挥出它的不同功能和作用。大体上，可以将社会机制类型划分为以下几种。其一，惩戒型机制。此类机制主要应对社会生活中的诸种违法乱纪现象，以较为严厉的法律、法规等社会规则来惩处不法现象。其二，制约型机制。为了预防和避免行为失范现象，需要设置相对温和的制约机制。其三，激励型机制。在“惩戒”和“制约”的同时，我们更需要有能够褒扬优秀、鼓励先进的社会机制，它是使人趋于“良善化”的正向型机制。其四，保障型机制。保障型机制涉及的对象最为普遍，其中，对于底层人员和弱势群体则更应有一定的倾斜和关照。

三、公正机制现实化的基本路径

（一）确立形式多样的社会保障机制

由于主体需求层次的多样化，人们需要得到的生存保障必然是多维度的，便需要设置多样化的社会保障机制。

民众诉求表达机制。一方面，通过多样化的信访、协商、对话交流平台和路径，形成畅通的民众意愿表达渠道和社会舆情反映途径，以确保民众能够充分表达其真实的需要和诉求。另一方面，应当及时而积极地收集民众的合理诉求，依法有效地处理来自民间的不同意见和要求，力求在最恰当的时间和条件下化解矛盾、解决问题。

收入分配调节机制。其一，要力求实现初次分配的合理性。既要保证社会成员的机会平等；又要借助劳动、工资等具体政策措施，努力实现初次分配的合理性。其二，不断提高二次分配的有效性。在当下中国，逐步缩小城乡、区域、行业之间的差距，进而缩小人们之间的贫富差距，需要通过税收、金融方面的制度机制，在二次分配上进行积极有效的调节。其三，完善多样化的社会保障方式。通过社会保险、社会救助、社会福利以及慈善事业等方面的制度规则，从多渠道解决民众问题。

公共服务保障机制。第一，积极创新公共服务的社会机制。第二，不断强化政府管理公共服务的职能。第三，有效提升公共服务的社会价值。

（二）健全层次多样化的社会监督机制

监督机制的存在意义，在于对既有的社会制度机制进行多角度的审察和监督，在此基础上准确地评价其优劣得失，进而促使其在回应现实、服务民众的基础上拾遗补阙、扬长避短。

1. 以民众需求为指向创新社会监督的组织机制

其一，要拓宽社会监督的主体构成。多样化主体的介入，不但能够拓宽和充实社会监督的队伍构成，使得社会监督的覆盖面更为广泛，而且，又能通过不同层次类型的社会主体的参与，形成社会监督的立体化格局，从而让监督的效应辐射到不同层面的社会生活领域。其二，要强化社会监督的组织管理。根据变化了的社会状况和民众诉求，及时调整和改进原有的组织结构和管理方式。需要大幅度提高参与人员的民主意识和法治意识，提升其参与管理社会事务的能力和水平。

2. 以社会发展良序化为导向优化社会监督的运行机制

首先，应建立多部门、多主体的联动监督机制。借助不同主体的联合与协作，力求实现社会监督的全覆盖和高效率。其次，健全开放性的社会监督信息互动机制。既可以通过联合协作的方式获取有效信息，也可借助现代信息技术及时互通相关信息。最后，完善社会监督绩效评估机制。监督的意义在于既“防患于未然”又“监管于已然”，亦即通过督查，将“预防”和“纠偏”两相结合，实现对社会生活的有效管理，以推进社会环境的良善化。在此，监督的效果是我们应当关注的重点。其一，建立社会监督的问责机制；其二，完善社会监督的反馈机制；其三，健全社会监督的评估机制。

第四章

三重话域指向下的幸福观比较及其意义

就幸福问题来说，在中国历史上影响至深、传承久远的儒道佛三家学说从未缺席，它们各自有其独特的幸福观。如果在同一话域下体察三家观点之异同，这将有益于我们更清楚地领会儒道佛幸福观的要义，进而形成对中国传统幸福观的基本把握。

分析中国传统儒道佛三家的幸福观，我们也不妨引入马克思主义幸福理论加以对比。马克思主义是产生于大工业时代、吸收了西方文明历史发展成果的先进思想，马克思主义同样有自己的幸福学说。揭示马克思主义幸福学说的相关立场，研究其有关“幸福”问题的基本观点，并将之与儒道佛幸福观作对比，由此论析三种幸福观之异同，将有助于我们从现代性视角拓展对传统幸福观的理解。

第一节　三重话域指向下的儒道佛幸福观异同

一、儒道佛在幸福评判依据上的不同维度

儒道佛三家幸福观中存在着怎样的共同话域指向？在这些共同话域指向下三家又有怎样不同的回答？通过对传统儒道佛学说的认真梳理，可以看到，幸福评判的基本依据、幸福关怀的对象范围、幸福实现的时间向度，是三家幸福观共有的话域。而在这三大话域指向下，儒道佛三种幸福观的认知各不相同。

（一）儒家在幸福评判依据上的维度

儒家进行幸福评判的基本依据是什么？《礼记·礼运》说："饮食男女，人之大欲存焉。"孔子说："富而可求也，虽执鞭之士，吾亦为之。"(《论语·述而》)可见，儒家并不否认人的物质欲求。荀子通过人的基本欲求的类别表现指出，"凡人有所一同：饥而欲食，寒而欲暖，劳而欲息，好利而恶害，是人之所生而有也，是无待而然者也，是禹桀之所同也"(《荀子·荣辱》)。

儒家的这些话语都肯定了个人物质欲望是人性的内在本质需求之一，获得物质欲望上的满足是很自然和正当的事。因此，儒家思想家在许多场合都要求统治者满足人民的富足愿望，肯定幸福的物质维度。如《论语》载："子适卫，冉有仆。子曰：庶矣哉！冉有曰：既庶矣，又何加焉？曰：富之。"

孔子将民众富足当成施政的重要目标。而孟子为统治者制定了这样的富民目标：五亩之宅，树之以桑，五十者可以衣帛矣。鸡豚狗彘之畜，无失其时，七十者可以食肉矣。百亩之田，勿夺其时，数口之家可以无饥矣。谨庠序之教，申之以孝悌之义，颁白者不负戴于道路矣。七十者衣帛食肉，黎民不饥不寒……

可见，作为儒家重要代表的孔子、孟子等人极其重视民众幸福的物质维度，并由此形成了儒家一条重要的思想路线。正如学者陈少明总结指出的：从孔子开始，儒家是承认并接受身之乐的追求的。①

虽然儒学在后续发展中也曾把"天理"和"人欲"对立起来，出现过贬抑物质欲求的倾向，但在整体面貌上，儒家基本上还是支持人的合理物质欲求，将合理物质欲求获得满足作为衡量幸福的尺度的。

不过，儒家肯定幸福的物质维度，又不将幸福限于此。儒家认为，对物质利益的追求并不能带来幸福的彻底实现。所以，人不能以单纯的物质为幸福标准。孔子曾与几个学生在一起，令他们各言其志，结果其他人想的是管理社会或宗庙之事，而曾点则说："莫春者，春服既成，冠者五六人，童子六七人，浴乎沂，风乎舞雩，咏而归"；孔子感叹："吾与点也"。(《论语·先进》)可见孔子相当看重精神的愉悦。

在精神愉悦中，孔子又尤其强调这种愉悦要建立在对道德理性的追求上，

① 陈少明：《论乐——对儒道两家幸福观的反思》，《哲学研究》2008年第9期，第46页。

对仁义等道德理性有积极的追求，才能获得充分的心理愉悦和享受，达到根本幸福。孔子赞赏颜回：“一箪食，一瓢饮，在陋巷，人不堪其忧，回也不改其乐。贤哉，回也”；又自称：“饭疏食饮水，曲肱而枕之，乐亦在其中矣”。（《论语》）“孔颜之乐”被后人当成儒家幸福追求的典型宣言，也是这一思想的反映。

概要地说，儒家肯定人们追求物质利益、获得物质幸福的正当性，但在物质富足和道德理性两者无法兼备时，儒家认为应首先致力于后者，所以孔子才会说：“志士仁人，无求生以害仁，有杀身以成仁。”（《论语·卫灵公》）

儒家要求，在物质富足和道德理性相冲突时，更应该求得后者的实现，从而成就道德理性，获得更深厚的精神幸福。

（二）道家在幸福评判依据上的维度

相对于儒家对物质幸福的肯定，道家则更多地表现出对物质幸福的限制。老子曾说：“五色令人目盲，五音令人耳聋，五味令人口爽，驰骋畋猎令人心发狂，难得之货令人行妨。”（《道德经》）

老子以为，缤纷的色彩，会使人眼花缭乱；嘈杂的音调，会使人听觉失灵；丰盛的食物，会使人舌不知味；纵情狩猎，会使人心放荡发狂；稀有的物品，则使人行为不轨。总之，感官上的享受、物质上的欲求都会破坏人的本真，损害人的生命，所以人们应该“绝巧弃利”“少私寡欲”。据此，老子又进一步说道：“祸莫大于不知足，咎莫大于欲得。”（《道德经》）

有鉴于此，老子主张弃绝世俗的功名利禄，使心灵复归朴素自然，达到“圣人”的人格境界，由此才会有幸福的实现。

庄子比老子走得更远，他同样漠视世俗的物质幸福。庄子慨叹：“夫富者，苦身疾作，多积财而不得尽用，其为形也亦外矣！夫贵者，夜以继日，思虑善否，其为形也亦疏矣。”（《庄子》）

因求功名利禄而劳苦身体，却不能为自身享用，这是何苦呢？庄子批判世俗将物质满足当成幸福的观点，他说：“今俗之所为，与其所乐，吾又未知乐之果乐邪？果不乐邪？……吾以无为诚乐矣，又俗之所大苦也。故曰：至乐无乐，至誉无誉。”（《庄子》）

庄子认为，世俗的所谓快乐是不明确的，最终也是不会有好的结果的，只有跳出世俗的快乐标准，才能有真正的快乐。所以，按照老庄道家的理解，真正的幸福只在心灵境界中获得表现，亦即在精神维度中才可能实现。“夫明白于天地之德者，此之谓大本大宗，与天和者也……与天和者，谓之天乐。”（《庄子》）也就是说，返璞归真，自然无为，顺从人和物的天性，才能拥有“天乐”，真正幸福的只能是享有“天乐”的人，即顺从道而生活的精神超越者。这种人就是老子所称的“圣人”“上士”，或者庄子所说的“圣人”“神人”“至人”“真人”等等。

（三）佛家在幸福评判依据上的维度

佛教传入我国后，得以在地化和本土化。在原始佛教经典《杂阿含经》中，佛陀曾说：“有四法，俗人在家得现法安、现法乐”，讲述怎样获得现前的安乐；但在根本上，佛家认为，主要表现为物质幸福的现前安乐并不真实和彻底，如果贪执于现世物质安乐恰会带来更多的不幸。《瑜伽师地论》中还提出“非圣财所生乐”的概念，与“圣财所生乐”相对。“非圣财所生乐”又称“外乐”，是指常人依赖外在条件而非依靠佛法所获得的快乐。在佛教看来，这种“外乐”终归是一种虚假的幻象，它不仅不能带来幸福的实现，反而成为真正幸福的羁绊。因为人生本无幸福可言，人生有的只是“苦”。具体地说，佛教对人生的痛苦总结最普遍地是“八苦”，即生、老、病、死、爱别离、怨憎会、求不得、五取蕴。要言之，现实人生无不充满痛苦，人生就是痛苦。

既然如此，那么人的幸福何在？对此，佛家强调“空”，即破除我执。《心经》曰：色不异空，空不异色。色即是空，空即是色。佛家认为，世间万物的存在和败坏，皆由因缘决定。所以，人生应该领会到“空”，应该从物欲和纷争中彻底超越出来，通过戒定慧三学，实现人生的解脱。如果从生命的幸福感受上看，则只有进入佛国净土才是佛教徒的理想归宿。为此，《阿弥陀经》《无量寿经》就描绘出极乐世界的种种美妙，如《阿弥陀经》细致而生动地描绘“无有众苦，但受诸乐”的净土世界；这个世界光明无量，照十方国，无所障碍。生活在这个世界的人永远长寿，毫无尘俗之灾。[①]

① 宗文点校：《净土五经一论》，北京：宗教文化出版社，2013 年版，第 2-5 页。

总之，西方极乐世界截断了“生死轮回”，在那里，众生摆脱了尘世间的种种痛苦和烦恼，“离苦得乐”，达到幸福的彼岸即“涅槃”境界。

综上可见，在幸福评定的基本依据上，儒家肯定幸福的物质维度，但更强调幸福的精神维度；而道家则限制幸福的物质维度，突出幸福的精神维度；佛家则弃除幸福的物质维度，执定幸福的精神维度。

二、儒道佛在幸福关怀对象上的不同维度

（一）儒家幸福关怀的对象维度

在立足于物质维度讨论幸福问题时，儒家将重点放在群体和社会上，儒家期待通过造就更宽阔的幸福关怀范围去提升社会个体的幸福感受。

具体来说，儒家看到个人与社会是相互联系的，因而认为幸福体验与满足不能只局限在个体范围内，个人必须融入群体、社会之中，通过个体的积极进取使社会富足，民众幸福。个体之所以会拥有仁义道德理性的自足，取得精神幸福，也正是因为个体已经根植于群体利益的深厚土壤之中。据此，儒家看到，个人幸福在很大程度上是依赖于群体幸福而实现的。孔子赞颜回在“人不堪其忧”的情况下仍然“不改其乐”，看似在谈论个体的幸福，其实这绝不是孔子对群体幸福的放弃，孔子念兹在兹的是“老安少怀”的群体幸福境界，在“不改其乐”的背后是颜回对道德理性的坚持和社会担当的执守。孟子也曾经同梁惠王就“乐”的问题有过这样一段对话：“（孟子）见于王曰：王尝语庄子以好乐，有诸？王变乎色，曰：寡人非能好先王之乐也，直好世俗之乐耳。曰：王之好乐甚，则齐其庶几乎！今之乐犹古之乐也。曰：可得闻与？曰：独乐乐，与人乐乐，孰乐？曰：不若与人。曰：与少乐乐，与众乐乐，孰乐？曰：不若与众。……今王与百姓同乐，则王矣。”（《孟子》）

在与梁惠王谈论“乐”的问题的时候，孟子引出“独乐乐”不如“与人乐乐”，“少乐乐”不如“与众乐乐”的推论，最后把王之乐与民之乐统一起来，提出与民共乐才是行王政的表现，这亦显示了儒家宽广的幸福关怀视域。北宋范仲淹：“后天下之乐而乐”，即将个体维度上的精神自足寓于社会维度上的人民

富足理想之中，这一誓言在历史上余音回荡。范仲淹的“后天下之乐而乐”就是儒家把幸福关怀范围上的个体幸福维度和社会幸福维度统一起来的最佳说明。

（二）道家幸福关怀的对象维度

道家突出幸福的精神维度。在幸福关怀的对象范围上，道家缺乏将其推广开来、惠及他人、与众人分享的热忱。道家持此立场，一则是因为在道家看来，得道者与非得道者差别甚大。老子说：“俗人昭昭，我独昏昏。俗人察察，我独闷闷。澹兮其若海，飂兮若无止。众人皆有以，而我独顽似鄙。我独异于人，而贵食母。”（《道德经》）

这就是说，能领悟大道者本已寥寥无几，而俗人与得道者的喜好和感受大相径庭，观念上完全没有交集。所以俗人和得道者对幸福的感受脱节，无法对接。二则是因为道家本身讲求顺任自然，不愿对事物有过多干预，讲求尊重自然进程：“天地不仁，以万物为刍狗；圣人不仁，以百姓为刍狗。”（《道德经》）

道家的重要代表庄子更明确地主张“独乐”，庄子在《庄子·齐物论》中论证不同的人、物不能相知的观点，以啮缺和王倪问答的形式表述。王倪先是对啮缺的提问“一问三不知”。之后，王倪说，啮缺怎么知道王倪自己所说的知道不是不知道呢？又怎么知道王倪自己所说的不知道不是知道呢？这是庄子借王倪之口指出人与人相互之间不存在认识和评判上的共同标准。“自我观之，仁义之端，是非之涂，樊然肴乱，吾恶能知其辩？”在庄子那里，人与人之间不能相知，那当然就意味着不能共乐。《庄子·至乐》更说：“吾以无为诚乐矣，又俗之所大苦也。”庄子否定幸福关怀的社会维度更加彻底。

（三）佛家幸福关怀的对象维度

佛家有小乘和大乘之分，之所以称为“乘”，乃是形容佛法济生度众如舟车乘人以行。修小乘是自度，目标是自己不受世间束缚，达到极乐世界。而修大乘则要求消除众生的苦恼，由此达到自己心性之清静光明的极致状态。在中国汉地佛教看来，大志之人皆不以小乘为满足，而乐修大乘。如此一来，汉地佛教主张的幸福实际上是舍一己独乐而求众生共乐，要实现的是群体幸福。正如《大智度论》云：“舍独善乐，得共一切众生善乐。”

在方法上，个体幸福应以众生的幸福的获得为基础。如果离开所有人的幸福而去追求个体幸福，个体幸福也难于实现，所以《大方广佛华严经·普贤菩萨行愿品》说：“一切众生而为树根，诸佛菩萨而为华果。……若无众生，一切菩萨终不能成无上正觉。”佛家甚至把幸福关怀扩大到世界上的一切生命上，《金刚经》中佛陀就对须菩提说：“所有一切众生之类，若卵生，若胎生，若湿生，若化生；若有色，若无色；若有想，若无想，若非有想，非无想；我皆令入无余涅盘而灭度之。”《妙法莲华经》开篇就提出四大宏愿，其中第一愿就是“众生无边誓愿度”。这强有力地说明了佛家幸福关怀的宽阔的社会维度。

综上可见，在幸福关怀的对象范围上，儒家肯定幸福的个体维度和社会维度；道家则着眼于幸福的个人维度；汉地佛家则注意幸福的个体维度和社会维度的相互依存，同时肯定两者。

三、儒道佛在幸福实现时间上的不同维度

（一）儒家幸福实现的时间维度

由前所述，当儒家偏重于自我个体谈论幸福时，其幸福评定的基本依据来自精神维度。对于这种个体幸福的实现来说，儒家认为，道德理性自足不需仰赖外在条件，“我欲仁。斯仁至矣”（《论语》）。通过努力，它在当下的时间向度内就可以获得。《孟子》中“尽其心者，知其性也。知其性，则知天矣”的说法尤其典型，孟子主张人只要充分扩充自己的良心（尽心），就能体验到人具有的仁义本质和本性（知性），而一旦体验到这种本质和本性，具备了道德理性，也就通达了天（知天）。心、性、天融合为一，精神充分自足，孟子认为，人间再没有比这更为快乐之事，因此他说：“万物皆备于我矣。反身而诚，乐莫大焉。”（《孟子》）。按此，个体维度的幸福体验取决于己，可以落实于当下。

儒家关切社会民生，在谈论群体幸福时，儒家注重幸福评价的物质维度。对基于物质维度的群体幸福，儒家历来汲汲努力，积极推动，甚至“知其不可为而为之”。《大学》提出儒家的修学次第：“物格而后知至，知至而后意诚，意诚而后心正，心正而后身修，身修而后家齐，家齐而后国治，国治而后天下平。”

在此，修学次第的最后步骤才是“平天下”。《大学》从个体修身角度言及未来理想，除此之外，历代儒家还设计了诸多的未来理想社会蓝图，如孟子的王道思想、《礼记》的大同理想等等，这些都体现出儒家群体幸福着眼于未来的时间取向。也就是说，作为一种理想，儒家的群体幸福的时间落实，在于未来。

（二）道家幸福实现的时间维度

既然道家的幸福不在于物质维度，而在于自然无为、返璞归真，过上合道的生活，那么，道家幸福实现的关键就在于对“道”加以体悟。如何体道，何时能得道，从而实现道家的幸福呢？

在老子那里，老子看到“身”为“大患”，过分关注形体，会造成“生生之厚”，他说：“吾所以有大患者，为吾有身，及吾无身，吾有何患？”（《道德经》）这就是说，形体对精神是滞碍的。与老子的观点一样，庄子同样以小猪弃死母猪而走的故事说明神之重于形：“所爱其母者，非爱其形也，爱使其形者也。”（《庄子》）由此，庄子证明“神”比“形”重要，应该将对“形”的关注转移至“神”上，使“外化而内不化”。相应于这种观点，老子认为要“致虚极，守静笃”，要“归根”“复命”；庄子则提出：“堕肢体，黜聪明，离形去知，同于大通，此谓坐忘。”老庄都主张由“体道”而“得道”，由此达到精神自足。就时间的向度上，道家的这种幸福寄于何时呢？在谈到得道的方法时，《庄子·大宗师》换了这样一种方式加以描述：“吾犹守而告之，三日而后能外天下；已外天下矣，吾又守之，七日而后能外物；已外物矣，吾又守之，九日而后能外生；已外生矣，而后能朝彻；朝彻，而后能见独；见独，而后能无古今；无古今，而后能入于不死不生。”

在此，庄子以具体的天数对得道的时间言之凿凿。这虽为一种比喻，但也体现出道家得道时间的现世性和可预期性。

（三）佛家幸福实现的时间维度

佛家以超越的目光论定人世间的种种假象，否定世俗幸福，揭示现世人生的悲剧性根源，进而主张要“令入无余涅盘而灭度之”，斩断轮回，把人们的幸福引渡到一个一尘不染、如莲花般洁净的清凉世界——涅槃境界。佛家在批判现实的同时，建构了一个在现实之外的刹那即永恒的超验的幸福王国。只是，在时间的向度上，这个世界要落实于来世。

综上可见，在幸福实现的时间向度上，儒家肯定个体幸福可以实现于当下，群体幸福则要在历史发展中去实现；道家主张的精神幸福，是具有现实性和可预期性的；佛家的幸福则不属于当今，要寄托于来世。

第二节　马克思主义幸福观与儒道佛幸福观的比较*

幸福是人的永远追求，因而也是思想的永恒话题。马克思主义在它创立的过程中也形成了自己的幸福思想。如同儒道佛三家幸福观，马克思主义幸福学说同样具有幸福评判的基本依据、幸福关怀的对象范围、幸福实现的时间向度这三大话域指向。

一、马克思主义幸福观形成的现实依据

在资本主义私有制条件下，资本家凭借自己的经济地位，沉迷于物欲的满足中，过着奢侈糜烂、花天酒地的生活。相形之下，工人阶级更为不幸，他们被剥夺了追求幸福的机会，陷入了水深火热的境地。劳动本来是能够带给人快乐的一种活动，但在资本主义生产方式下，对于工人阶级来说，劳动也不再是人生命的基本形式，而成了摧残人类身心的被动活动，即只是一种外在的、被迫的和维持肉体生存的手段而已。劳动成了异化劳动。在异化劳动条件下，工人的劳动彻底成了不自由的活动。人成了非人，人的全面发展和幸福也就无从谈起。再从全社会来说，伴随着这种劳动异化，对金钱和财富的疯狂追求造成无度的竞争，人与人之间的温情消失殆尽。

---

* 萧仕平：《三重视阈下的马克思主义幸福观探析》，《宁夏党校学报》2019 年第 3 期，第 41-46 页。

马克思主义对人的幸福高度重视并孜孜追求，马克思主义的最高价值诉求就是人民的现实幸福。青年时代的马克思就曾写道：在选择职业时，我们应该遵循的主要指针是人类的幸福和我们自身的完美。[①]在《共产党宣言》一书中，马克思又将人类的幸福境界表述为：在那里，每个人的自由发展是一切人的自由发展的条件。考察马克思的一生，他为了人的自由、解放而思考，而且为此而行动。人自由、解放又是为了什么？其实就是为了人的幸福。

马克思胸怀实现人类幸福的伟大信念，并为这个信念而顽强奋斗。在理论上，他用自己开创的历史唯物主义的基本观点，阐释了人类获取幸福的价值目标、社会条件和现实道路，具有跨越时代的重要意义。

二、马克思主义与儒道佛幸福观在幸福评判依据上的比较

（一）马克思主义在幸福评判依据上的立场

人的生活离不开物质和精神两个方面。对于这两个方面，马克思主义认为，人的幸福不单纯局限于物质维度或精神维度的片面一端，真正的幸福是在物质生活与精神生活辩证统一的基础上实现的，因此幸福评判也应在物质幸福和精神幸福两者的辩证统一中加以衡量。

首先，就物质幸福来说。基本物质需要的相应满足，是人们获取幸福的基本条件：人们为了能够“创造历史”，必须能够生活。但是为了生活，首先就需要吃喝住穿以及其他一些东西。[②]由此可见，对物质生活的正当追求，是获得人类幸福的基本前提，合情合理。也只有确保了生存的正常需要，比如吃、穿、住等等，才能使人生存和发展下去。因此，马克思主义的幸福观反对禁欲主义，重视人们正当的物质福利，在衡量幸福时，首先应该肯定人的物质幸福。

---

① 马克思、恩格斯：《马克思恩格斯全集》第 40 卷，中共中央马克思恩格斯列宁斯大林著作编译局译，北京：人民出版社版，1982 年版，第 7 页。

② 中共中央马克思恩格斯列宁斯大林著作编译局：《马克思恩格斯文集》第 1 卷，北京：人民出版社，2009 年版，第 531 页。

其次，就精神幸福来说。马克思主义幸福观认为，虽然物质幸福是重要的，但又不能认为有了物质生活就等于拥有了幸福，因为人是有意识的感性动物：有意识的生命活动把人同动物的生命活动直接区别开来。[①]单纯的物质资料本身并不是幸福的真正源泉，再丰厚的物质满足也无法弥补精神生活的空乏，因此人们也应该拥有精神幸福。只有在人能充分发挥自己的精力和体力，能充分发挥自己丰沛的创造力这一前提下，丰富的物质生活才与丰富的精神生活一道成为幸福的内容，从而实现真实而全面的幸福。换言之，精神幸福与物质幸福难以分离。

总之，马克思主义幸福观既重视物质幸福，也强调精神幸福。对个体来说，马克思主义认为，真实的幸福是在物质幸福和精神幸福辩证统一中加以衡量的。对群体来说，马克思主义同样强调，未来的幸福社会是物质生活日益丰富并能积极推动人类文化、精神生活和道德情操的全面健康发展的社会。

（二）幸福评判依据上的比较及其当代意义

如前所述，在幸福评判的基本依据上，道家限制幸福的物质维度，突出幸福的精神维度；佛家弃除幸福的物质维度，执定幸福的精神维度。当下社会，许多人专注物质生活而忘怀人文世界，精神贫乏。而道家和佛家注重幸福的精神维度，这无疑为当下社会提供了一副清醒剂。不过，道家和佛家的幸福立场都在不同角度上忽视了人的正常物质欲求。按照马克思主义幸福观，幸福是物质幸福和精神幸福的统一，人应当首先具备基本物质需求的满足，物质需要的满足是幸福的重要前提。随着人类社会的不断进步和物质文明的日渐发展，人类的物质需求还会处于不断提高之中。

相形之下，儒家在幸福评判基本依据上则肯定幸福的物质维度，同时也更强调幸福的精神维度。儒家的这种立场，对体认马克思主义幸福观具有积极意义。儒家重视民生，倡心性修养，标举“为天地立心，为生民立命，为往圣继绝学，为万世开太平”（张载语），值得我们去深入思考。

---

① 中共中央马克思恩格斯列宁斯大林著作编译局：《1844 年经济学哲学手稿》，北京：人民出版社，2018 年版，第 53 页。

三、马克思主义与儒道佛幸福观在幸福关怀对象范围上的比较

（一）马克思主义在幸福关怀对象上的立场

在西方思想史上，马克思、恩格斯以前的思想家看不到人的社会性，把人仅仅看作个体，甚至把社会当作抽象的东西同个人对立起来。马克思主义摈弃这种立场，强调个体是社会存在物；因此，他的生命表现，即使不采取共同的、同他人一起完成的生命表现这种直接形式，也是社会生活的表现和确证。①因此，在《关于费尔巴哈的提纲》一文中马克思说：人的本质不是单个人所固有的抽象物，在其现实性上，它是一切社会关系的总和。在马克思主义看来，人并不是单个独立存在的，而是处于一定社会关系之中具体的人，人无法摆脱社会，社会也离不开人，个人需要社会提供生存条件和生活场域，社会也需要集合个人以构成实际具体的社会。由于对人的本质有这样一番深刻把握，所以，马克思主义在幸福关怀的对象范围上就绝不仅是局限于个人。马克思主义幸福观也不是离开个人而抽象地指向社会，它鼓励人们以个人幸福为出发点，但又超出个体的狭小范围，而追求更广大的社会幸福。

（二）幸福关怀对象上的比较及其当代意义

如前所述，在幸福关怀的对象范围上，道家致力于幸福的个人维度，它高扬个体生命的独立性和自主性，展示了生命的磅礴气势；但把自己置于离群索居的处境，超脱于现实社会。儒家同时肯定幸福的个体维度和社会维度。佛家也注意到幸福的个体维度和社会维度的相互依存。在幸福关怀的对象范围上，儒佛两家的观点同马克思主义幸福观一样，都顾及个体维度和社会维度两个维度的协同。尤其值得注意的是，儒家“老吾老以及人之老，幼吾幼以及人之幼”“先天下之忧而忧，后天下之乐而乐”的情怀，以及佛家“普度众生”的菩萨道精神都体现出了强烈的社会担当意识，值得我们今天去汲取和借鉴。

---

① 中共中央马克思恩格斯列宁斯大林著作编译局：《1844 年经济学哲学手稿》，北京：人民出版社，2018 年版，第 80 页。

四、马克思主义与儒道佛幸福观在幸福实现时间向度上的比较

（一）马克思主义在幸福实现时间向度上的立场

在大量著作中，马克思勾画出了人类未来的幸福生活。他认为在未来社会，生产力高度发达，实行完全的公有制，社会物质财富和精神财富极大丰富，劳动成为人们的第一需要，社会成员各尽所能、按需分配，人的本质实现复归，社会成员得到自由而全面的发展。在那里，幸福为个体所享有，也为社会所普遍拥有，共产主义是幸福的最高完成形式。

在时间向度上，个体幸福与社会幸福最终要统一落实于未来共产主义社会。不过，马克思主义认为，个人幸福也不只是存在于遥远的未来，共产主义本身是一个辩证发展的历史进程。马克思主义认为，在这个历史进程的当下，立志于为人类福祉而奋斗，人们也可以体会到个体幸福。马克思在《青年在选择职业时的考虑》中写道：我们应该遵循的主要指针是人类的幸福和我们自身的完美……人们只有为同时代人的完美、为他们的幸福而工作，才能使自己也达到完美。也就是说，马克思主义主张，社会幸福高于个人幸福，个人幸福服从于社会幸福；当个人报效社会、贡献社会时，他的幸福感会获得极大的满足。换言之，未来的共产主义是幸福的最高完成形式，个人幸福也将在实现共产主义的辩证进程中日益展开，逐步实现。

（二）幸福实现时间向度上的比较及其当代意义

如前所述，在幸福实现的时间向度上，佛家以否定的目光看待现世社会，将幸福寄托于来世。佛家的这种立场在一定程度上的确能抚慰信众躁动不安的心理，使其平静地面对现实。同时，佛家提出的“来世说”激发人类从更广阔的时间、空间上去探讨人生问题，拓宽了人们的视野。但是，佛家把幸福实现完全放在来世，这无法解决现世的幸福问题。而道家将幸福限定于精神领域，认为通过对道的领悟，可以实现个体人生的幸福，而且这种实现是现实的和可预期的。

儒家同时肯定个体幸福的当下实现和社会幸福的未来实现，它不仅肯定个体幸福可实现于当下，而且对群体幸福实现也有所展望，儒家的这种立场具有积极意义。但儒家无法通过对社会基本矛盾的深入剖析，把握发展规律，站在历史必然性的基础上，进而去把握社会幸福实现的时间向度，把握实现个体幸福和群体幸福两者间存在的辩证关系。因此，要解决上述问题，我们还应该立足于马克思主义幸福观，并借助人们的实践活动来促使幸福目标实现。

第三节　中国传统幸福观的当代意义转化

一、传统幸福观在幸福评判依据上提供的当代意义指向

前文言及，在幸福评判的基本依据上，道家限制幸福的物质维度，突出幸福的精神维度，佛家弃除幸福的物质维度，执定幸福的精神维度。道家和佛家都注重幸福的精神维度，这无疑给当下社会提供了一副清醒剂。

几年前，某征婚节目上一位女嘉宾言称“宁愿坐在宝马车里哭，也不愿坐在自行车上笑”。这种观点确实反映了当代商品经济条件下一部分人的心态，即以物质财富的获得为幸福的源泉，认为嫁入豪门、娶到富家女是人生幸福的重要依据。在当今中国，抱持“官本位”意识的人们认为，当官能带来许多物质上的满足，因此做官发财也成为不少人的期待。其实，正如前文所述，人们的幸福感绝不只来自物质生活的享受，幸福更多地应来自精神生活方面。精神生活是幸福的重要内容，高质量的精神生活构成幸福的持久推力和深厚源泉。换言之，一个人如果不冀求精神生活的满足，只把物质享受当作幸福，那么，这种幸福只能是低水平的幸福，而且，即使暂时获得了它，也是无法长久的。就此，道家和佛家注重幸福的精神维度，是能够给我们提供启发的。固然，马克思主义从来没有否认物质幸福的意义，人需要物质幸福，物质生活条件是精神生活的基础和前提，但精神生活是对物质生活的升华。虽然人类为了生存不得不首先满足肉体

存在的需要，但从长远来看，一定的物质条件得以满足后，人的幸福体验，就会减少对物质生活的依赖。有了物质幸福还需要有精神幸福，两者缺一不可。就此，道家和佛家注重幸福的精神维度，对于当今人们理解幸福而言，显然是有启发意义的。

二、传统幸福观在幸福关怀对象上提供的当代意义指向

前文言及，在幸福关怀的对象范围上，儒家肯定幸福的个体维度和社会维度；道家着眼于幸福的个人维度；佛家则注意幸福的个体维度和社会维度的相互依存。

现实的人是社会个体和社会整体相统一的存在，个人和社会不可分离。在幸福问题上，如果光讲个人幸福，无视他人的幸福与否，这种“不管他人瓦上霜”的心态，最终也必定无法维持自己长久的幸福。反之，如果只从社会维度讲幸福，而忽视个体幸福，也容易造成局限性。固然，我们倡导奉献社会的远大理想，但是，对于普通人来说，则应考量其应有的个体幸福。对集体主义的片面强调，伴随对个体欲求较为忽视，实践证明，这种忽视容易带来个人幸福的丧失，因此是不可能长久的。

近年来，“中国梦”的提出，激励着每一个中国人为之奋斗。而“中国梦”应当是寻求幸福个体维度和社会维度相结合之梦。在“中国梦”中，每个人都是中国梦的实现者，要实现中国梦，需要每个人意识的觉醒、思想的独立、自身价值的彰显，从而获得个人的幸福，即每个人共同享有人生出彩的机会。

三、传统幸福观在幸福实现时间向度上提供的当代意义指向

如前所述，在幸福实现的时间向度上，佛家以否定的目光看待现世社会，将幸福寄托于来世。道家将幸福限定于精神领域，认为通过对道的领悟，可以实现个体人生的幸福，而且这种实现是现实和可预期的，但却没有指向幸福的未来时间向度。儒家同时肯定个体幸福的当下实现和社会幸福的未来实现，儒家的

这种立场具有积极意义，值得我们今天去回味和思考。

在社会现实中，当下幸福与未来幸福应该是辩证统一的。“活在当下”一词在现代社会中很流行，如果将它理解为立足现实，既不沉湎于过往，又不虚耗自己而空待未来，这样无疑是正确的。但是，如果将“活在当下”理解为只讲当下幸福而不顾未来幸福，则是错误的。在人生的发展途程中，未来幸福的目标源源不断地为当下提供着奋斗指向。正因为有了这样的目标，主体向上的动力被不断地激发出来，由此也提供了当下精神幸福的丰富感受，从而带来更加富足和饱满的幸福生活。

第五章

经济发展视域下的公正指向及其幸福诉求*

第一节　经济增长必然带来幸福增进的神话**

毫无疑问，一个心智和身体健全的人是否感受到幸福，与物质生活条件和经济方面的因素密切相关。但不能因此说经济不断发展、财富持续增加，人的生活就一定幸福，或者说人的幸福指数就必然随之提升。

一、市场机制与国民幸福

自由主义经济学的理论观点和政策主张是围绕着市场机制展开的，其主要观点是：市场本身是自发性的，是自然运作和发展的过程。各个经济主体在追求自身利益和目标的相互竞争之中，能够自发地形成一种经济运作的秩序，使经济交往和交易活动得以实现。当市场的自发性得以正常发挥的时候，市场的经济活动就会顺利运转、经济功能就能充分实现，市场将驱使所有经济主体为实现利益最大化而千方百计地提高经济活动的效率，从而促使社会财富总量的增加，自然就会给人类社会带来各种福利，从而提升社会成员的幸福感受。

从这样的市场观出发，自由主义经济学家相信，基于自由的和自发的市场，

---

* 孙春晨：《市场伦理发展的自然逻辑与人性基础》，《河北学刊》2003 年第 3 期，第 84-89 页。

** 孙春晨：《经济学能超越价值判断吗——基于弗里德曼“价值中立”观点的分析》，《中州学刊》2014 年第 11 期，第 117-121 页。

能够形成有利于市场经济主体和整个社会发展的良好秩序。在他们看来，任何政府和组织都不需要主动地、积极地为市场秩序的发展出谋划策，市场秩序自身是一个自然演进的过程，自由市场具有建立和发展有助于提高社会成员幸福程度的自发性功能。因此，如果建立了完善的自由市场，就可以保证包括幸福在内的社会伦理目标的实现，人们对自由市场经济效率的理性追求就能够与社会的伦理目标达到一致。自由主义经济学家亚当·斯密认为，每个个人和经济主体在追求私利的过程中，受一只“看不见的手”的指引。斯密不仅在经济学中坚持市场伦理自发演进的观点，而且在他的道德哲学中，也像休谟一样，主张道德规范是从具体市场行为的个人经验和个人判断的积累中逐渐演进而来的，而演进出来的规范本身具有促进社会稳定的那种非有意为之的结果，这样的结果有助于国民幸福生活的发展。

自从斯密研究人类财富创造起因的著作《国富论》问世以来，他所倡导的自由市场经济被认为可以无限地、不断地增加财富和提高生活水平。经济增长使人们相信福利事业可以不断地进步，这种信念在现代人中占主导地位。[①]斯密是一个乐观主义者，他认为，只要在公平、公正的原则下进行真正的自由竞争，个人对自我利益的追求就可以使更多的大众受益。为了建立一个更美好的世界而对人的道德完善的要求不见了，为建立一个能够提高大众福利的政府机构而对人们的理性的要求也不见了。取而代之的是那种认为只要有天赋自由的条件、公平的制度和自我利益这剂灵丹妙药，就可以使公众利益自然地增加的思想占据了主流。[②]

斯密有关自由市场能够自发提高经济效益，进而促进社会财富增加的自发演进的思想，得到了西方自由主义经济学家们的强力支持和发展，如哈耶克等。自由主义经济学家关于市场机制与人的发展、行为选择以及公共利益的关系的观点概括起来主要有以下几方面：一是自由市场为各个经济主体提供了发展自我的公平竞争环境。所有的经济主体在市场活动中的地位都是平等的，都可以通过自由市场提供的条件和机会为自己获取最大利益。自由市场提供了最大限度地消除人与人之间在生存和发展权利上的不平等性和差异性的机会。二是自

① 布隆克:《质疑自由市场经济》，林季红译，南京：江苏人民出版社，2000年版，第8页。
② 布隆克:《质疑自由市场经济》，林季红译，南京：江苏人民出版社，2000年版，第113页。

由市场维护和保障经济主体主动选择的自由，反对任何违背个人意愿的强制性安排。合于市场规则和法律要求的经济主体行为不受任何外部力量的约束和强迫。三是自由市场能够推进公共利益和个人幸福的发展，各个经济主体在追求自身利益增殖时，不需要有意识地考虑社会公共利益。对私利的追求，不仅可以给人带来幸福，而且能够促进公共利益和社会福利的发展。

在当代经济学理论中，为数不少的自由主义经济学家声称经济学是一门“价值中立”或“价值无涉”的科学。自然科学家认为，他们的研究对象是客观事实问题，不是价值问题，因而有资格免于价值和道德追问[①]；经济学家们说，经济学是“去道德化”程度最高的社会科学，只探讨达成给定目标的纯粹技术问题，不涉及价值问题。经济学家竭力将经济学拉进自然科学的阵营中，以此来说明经济学与自然科学一样，只探讨具有“客观性”的实证问题，不去谈论价值或道德问题。自由主义经济学家通常将“价值中立”或“价值无涉”等同于“道德中立”，他们认为，经济学是由一整套客观严密的演绎推理过程构成的纯粹科学，它应该处于一种完全超脱价值立场的、摒弃价值判断的“中立”状态，不能受社会价值尤其是道德价值的影响，不应当与研究价值问题的伦理学等学科发生纠葛。自由主义经济学家对经济学“价值中立”的理解，在方法论上有将经济学研究孤立化和片面化的倾向，他们常常为了强调经济学的纯粹性和所谓的“科学性”而有意无意地看不到经济学与伦理学之间的内在关系，忽视经济学与伦理学联手推动经济社会发展和人类文明进步的作用。

自由主义经济学家对市场机制下人的幸福提升抱有充分的信心，他们深信启蒙运动之于个人理性和自由的重要价值。启蒙主义的最基本的观点认为，邪恶和不幸不是由人的内在弱点造成的，而是由无知、偏见和贫困造成的，因此启蒙主义产生了乐观主义，即认为人类的问题可以通过理智、良好的教育和日益增长的物质的繁荣来解决。[②]然而，即使关于幸福的最狭义的定义只是欲望的满足，经济学家也不得不承认，市场经济的局限性以及市场参与者在表达欲望和

① 虽然数学、物理学、化学等自然科学所研究的问题可以保持“价值中立”，但研究这些问题的科学家，由于秉持着不同的道德倾向和宗教信仰等文化因素，在进行科学研究时，也不能做到完全“价值中立”。

② 布隆克：《质疑自由市场经济》，林季红译，南京：江苏人民出版社，2000年版，第2页。

偏好时其能力的不平等——这些都会极大地限制自由市场在实现幸福最大化方面的可能性。[①]如果把话说得直白一点就是，幸福的提升并不能完全由自由市场机制来推动。

二、经济发展与幸福的悖论

社会的经济发展程度与人的幸福水平之间的关系问题，是经济学研究中最重要也是最复杂的话题之一。著名经济学家伊斯特林（Easterlin）围绕“经济增长可以在多大程度上提高人们的快乐”问题，提出了“伊斯特林悖论”，也称为“幸福悖论”。伊斯特林的研究发现，幸福水平与收入水平之间存在着显著的正相关关系，无论是在富裕国家还是在中低收入国家，国民的幸福水平随经济增长而得以提升的这个结论都是成立的。但是，当高收入国家的人均GDP超过某一特定值（如1万美元）之后，人均GDP对居民生活满意度和幸福感受度不再具有重大的影响。影响快乐和幸福的因素很多，比如在人们的生活中占有一定地位的文化和精神因素，对快乐和幸福就产生着不可或缺的影响。

收入增长并不一定能带来幸福增长的“幸福悖论”，向主流经济学推崇的“财富等于幸福”的观点发起了有力的挑战。我们必须认识到，经济发展指数以及GDP，是衡量宏观经济运行结果的数量指标，而不是人的幸福本身。但是，经济的持续增长可以给人类带来满足生存发展需要的基本物质条件。比较人类工业革命前和工业革命后的社会发展状况可以看到，经济发展的确提升了人类的幸福水平。这是理解经济增长与幸福之关系的一个方面。另一方面，还应当看到，经济的持续增长并不是人的幸福本身。政府不断地出台一系列推进GDP增长的政策，然而，如果没有其他方面的改革措施相配套，国民所希望的增进幸福的梦想就不能得到充分的实现。这是经济增长和幸福增进不相匹配的现实。

加拿大经济学家马克·安尼尔斯基（Mark Anielski）通过研究认为，尽管有数据显示，美国的人均GDP在上升，但相关研究表明，从20世纪50年代开始，美国民众对幸福感的自我评价却在下降，更多的财富并没有给美国人带来

---

① 布隆克：《质疑自由市场经济》，林季红译，南京：江苏人民出版社，2000年版，第132页。

更幸福的生活。安尼尔斯基指出，虽然以前的美国人也承受着不少的生活压力，如不堪忍受的个人财务负担以及医疗债务可能导致个人破产的持续焦虑，但有证据显示，与过去相比，现在的美国人更有压力，更加消沉。为解决这个问题，安尼尔斯基设计了一幅幸福经济的规划图，测算出基于居民价值观和道德观的福祉状况，他将此称为“真实财富”。据安尼尔斯基考证，在古英语中，“财富”是指“福祉的状况”或“幸福的条件”，安尼尔斯基以此来理解“财富”的所指。在安尼尔斯基看来，真正的发展和真正的幸福绝不是只靠经济方式就能实现的。作为消费文明的后果，市场的偶像崇拜正试图将人们的幸福简化为物品的占用和享有。这不仅严重损害了人类的尊严，而且使得提升人类团结的工作变得困难重重。因而，在“真实财富”概念的基础上建设社会必定充满挑战，它需要勇气、正义和智慧这样的良性行为，也需要人与人之间、代与代之间等的严肃对话，唯有如此才能求得实现福祉的前进道路。①

在处理经济增长和幸福增进不相适应的问题上，不丹的做法具有借鉴的价值。不丹经验的核心理念是：应当把提高国民幸福指数（GNH）而不是提高国民生产总值，作为社会发展的目标。为什么不丹会提出这样的社会发展思路？这是由于不丹意识到了全球追求国民生产总值这种发展模式可能带来的恶果。例如，虽然物质产品丰富了，国民收入也提高了，但是，人没有因此而感到更加幸福，许多负面的社会现象也出现了，尤其是随着国民生产总值高增长而来的环境污染、失业威胁、社会冲突、人际疏离，这就使得那些国民生产总值很高的国家的人民深感痛苦。那么，该怎么做呢？不丹的做法是，把国民幸福指数具体化为四方面：①环境和资源的保护；②公平和可持续的经济发展；③传统文化的保留；④优良的治理制度。不丹的发展不是追求国民生产总值的增长，而是追求实现上述的四个目标。②

概括起来说，经济增长与国民幸福之间存在着一定的内在关系，但不能把这种关系做简单化的理解，而应当辩证地认识二者之间的关系：经济增长与国民幸福不是线性的正向或反向关系，虽然经济的持续增长是提升国民幸福水平

---

① 安尼尔斯基：《走向一种幸福经济学》，何海源译，《武汉理工大学学报（社会科学版）》2011年第5期，第617-619页。

② 尹伊文：《不丹的启示：用国民幸福总值替代GDP》，《领导文萃》2009年第21期，第138-142页。

的重要因素，但它不是唯一的因素，在经济增长之外，其他的诸多社会因素对国民幸福的提升也会产生直接的或间接的影响。正确理解经济增长与幸福增进的关系，就是要确认，幸福是人的复杂的生命体验过程，不能只是从经济增长的单一角度予以解读，而是要考虑到幸福增进的多方面的因素。

三、消费社会的幸福误区

作为一种大众消费模式和社会思潮的消费主义产生于 19 世纪末 20 世纪初的美国，它是社会化大生产和大规模商品交换的产物。消费主义在第一次世界大战后开始向西欧传播，第二次世界大战后，消费主义在所有发达国家普遍流行。20 世纪 80 年代后，汹涌的经济全球化大潮推动了各国、各地区之间政治、经济和文化的广泛交流，消费主义也因此传播到了地球的每一个角落。消费主义具有多样的文化内涵，而物质主义和符号消费是其主要的特征。在这样的消费社会背景下，享乐主义价值观甚嚣尘上，无休止和无节制的物质消费以及以追求炫耀和攀比为目的的符号消费，被界定为幸福的一种表征。

消费主义是现代社会物质主义幸福文化的一种表现形式。现代社会是消费社会，消费社会的直观特征就是物质的堆积和丰盛，人们生活在物的时代，每天穿梭于堆积如山的、极其丰盛的物的原始森林之中，人们被可视的、光芒四射的商品所环绕，琳琅满目的商品不断地刺激着人的欲望，使消费成为非理性的狂欢，成为人们所谓幸福的源泉。[①]消费控制着整个现代社会的运转和发展，支配着人们的日常生活方式和对幸福生活的理解，于是，人本身越来越成为一个贪婪的、被动的物质消费者。人们所消耗的物品不是用来为人服务，相反，人却成了物品的奴仆。在价值观上，消费主义把物欲的满足、感官的享受作为人生的主要目标和价值追求。消费主义是一种鼓励及时享乐、培养物质主义生活方式和发展自恋个性的消费文化。由消费主义而带来的这种新消费伦理被广告业所控制，它大肆鼓吹的是得过且过、享乐主义、自我表现、美的身体、异教主义、逃

① 卢瑞：《消费文化》，张萍译，南京：南京大学出版社，2003 年版。

避社会义务。[1]这样的物质主义幸福文化背离了道义伦理的精神。

建立在物质主义基础之上的消费主义既鼓动“物的消费”，又倡导“符号消费”。“符号消费”是消费主义文化中的核心概念。法国思想家鲍德里亚（又译作“波德里亚”“博德里亚”）认为，今天的城市已经不再像19世纪的城市那样是政治、工业的场所，而是符号、传媒生产的场所。商品不仅具有马克思所说的使用价值、交换价值，还具有符号价值，即表达风格、名声、奢侈、地位、身份以及权力等特征的商标价值。[2]在消费社会，物质消费转化为一种意识形态意义上的美学消费，消费者不是以需求为媒介，而是以新奇性、话题性、意义性等符号为媒介进行消费。在消费行为中，人们对符号的追求超过了对物的实用功能的需求。奢侈性符号消费成为身份的象征，成为幸福的标志。

尤其值得注意的是，奢侈性符号消费不只是极少数高收入富裕人群的幸福追求，这样的消费倾向已经在社会生活中形成了一种对于生活幸福的价值导向。从消费心理和人们需要得到社会认同的角度看，人的消费行为容易受“从众效应”和“势利效应”的影响。社会主流消费文化所蕴含的伦理价值取向、富人们所展现的“我买故我在”的那种追求生活幸福的行动伦理，变成了社会的行为示范。在“从众效应”和“势利效应”的驱使下，人们期望通过融入主流消费文化，与富人群体建立紧密的伦理联系，从而实现身份伦理上的社会认同。

炫耀性消费是通过奢侈性符号消费强化身份伦理而显示自身所谓幸福生活的一种表现形式。炫耀性消费是指主要为了夸示财富而不是满足真实需求的消费活动，这种消费的动机是谋求某种社会地位，通过赢得他人的尊重和认可而获得幸福的感受。制度经济学的创始人之一凡勃伦的《有闲阶级论》，把“炫耀性消费”的概念引入经济学。在凡勃伦看来，生活中的商品可分为两大类，即非炫耀性商品和炫耀性商品。其中，非炫耀性商品只能给使用者和消费者带来物质效用，炫耀性商品则能给使用者和消费者带来虚荣效用。炫耀性消费指向的往往不是物本身，而是物所承载的地位、身份等，即物的符号价值。凡勃伦认为，要获得尊荣并保持尊荣，从而实现个人的幸福生活，仅仅保有财富或权力还是远远不够的，有了财富或权力还必须能够提供证明。炫耀性消费就是为财富

① 费瑟斯通：《消费文化与后现代主义》，刘精明译，南京：译林出版社，2000年版，第166页。
② 波德里亚：《消费社会》，刘成富、全志钢译，南京：南京大学出版社，2000年版。

和权力提供外在证明，以获得并保持尊荣的消费活动。个人的社会地位在很大程度上依赖社会生活圈子对他所拥有的财富水平的认定，但财富水平是私人信息，外界无法观察，这就使得个人有动机通过炫耀性消费来争取理想的社会地位。[①]炫耀性消费的动机表明，炫耀性消费反映了人们在身份认同感上的匮乏与需求，自己的生活是否幸福不是由自己来认可，而是需要“做给别人看”，让外人和社会来认可自身的幸福程度。当个体自身的幸福都需要通过消费的符号来加以证明时，这就直接证明了当代人“身份焦虑”的客观存在。[②]

幸福是一个有弹性的、复杂的概念，它不是可计量的物质渴求的简单相加，也不同于福利的概念。[③]安东尼·詹姆斯（Anthony James）在反思当代社会人们的消费习惯后认为，当代社会以物质主义和符号消费为特征的过度消费并非人类获得幸福的良方，消费与幸福感没有直接的关联。在物质财富日益丰裕的当今社会，每个人都应该清醒地了解自身生活的真正需求，尤其是在全球自然环境遭到严重破坏的情形下，需要考虑以适度的生活方式来满足自身对物质的基本需求，这样的生活方式对环境的影响也最小。面对日益紧迫的环境和生态问题，人类更应该从生态环境、社会公平和个人健康三者的协调发展角度思考如何保护和利用现有的自然资源，并反思消费对于生活和幸福的终极意义。

第二节　社会公正是提升国民幸福的价值基准*

影响人的幸福提升的要素是多种多样的，其中，经济发展中的社会公正是一个重要的方面。在中国社会发展的转型时期，社会公正与幸福的密切联系显得尤为突出。

---

① 邓晓辉、戴俐秋：《炫耀性消费理论及其最新进展》，《外国经济与管理》2005 年第 4 期，第 2 页。

② 孙春晨：《符号消费与身份伦理》，《道德与文明》2008 年第 1 期，第 7-10 页。

③ 布隆克：《质疑自由市场经济》，林季红译，南京：江苏人民出版社，2000 年版，第 12 页。

* 孙春晨：《哈耶克为什么反对“社会正义”》，《伦理学研究》2013 年第 5 期，第 75-80 页。

一、应得公正与补偿公正

公正是经济社会发展中的基本价值原则之一。关于公正的内涵，尽管有各种不同的说法，但在一般意义上，公正通常被表述为“应得”。米尔恩（Milne）认为，公正如果表现为“给每一个人他所应得的”这种基本的形式，那么它在任何社会共同体中都是一项必不可少的道德原则。它要求每一个成员依其身份，给予伙伴成员们应得的东西，并从他们那里获得他应得的东西。而且，不论一个社会共同体特定的文化和价值如何，有一种东西是每个成员都应该得到和给予的，那就是公平对待。[①]“应得”意义上的公正原则要求：对于在所有相关的方面都相同的情况，必须同样对待；对于在相关的方面不相同的情况，则必须不同地对待，而且这种不同对待应对应于相关的不同。[②]这些论述大致表达了“应得”公正原则的主要内涵。米尔恩对公正的理解是与自由和权利这些基本的价值概念联系在一起的，与平等、关怀、慈善等价值观念相比具有优先性。但是，对于那些先天不利的人和天赋上较差者来说，应得公正原则无法有效地保障他们能够获得有尊严的生活状态。因此，应得的公正并不能代替平等、关怀、慈善等价值观念，在对待穷人和贫富差别的问题上，有必要提出补偿性公正原则对应得公正原则予以补充。

罗尔斯正义理论中的一个引人注目的内容是差别原则。差别原则强调，如果存在着社会经济的不平等，那么，这样的不平等必须能够促使社会中“处境最不利”的成员获得最大的利益。也就是说，差别原则允许有不平等（即贫富差距），但又必须限制不平等，使处境最不利的成员获得最大的利益。要使穷人苦不堪言的生活境遇向好的方向转化，就应该给他们以补偿，从而达到公平的正义。从罗尔斯的差别原则所表达的思想中，可以提炼出针对穷人生活境遇恶化的补偿性公正原则。

---

① 米尔恩：《人的权利与人的多样性——人权哲学》，夏勇、张志铭译，北京：中国大百科全书出版社，1995年版，第58页。

② 米尔恩：《人的权利与人的多样性——人权哲学》，夏勇、张志铭译，北京：中国大百科全书出版社，1995年版，第59页。

补偿性公正原则的基本内涵是：为了平等地对待所有人，提供真正的同等的机会，社会必须更多地注意那些天赋较低和处于较不利的社会地位的人们。这个观念就是要按平等的方向补偿由偶然因素造成的倾斜。[①]罗尔斯承认，提出补偿原则并不是要把它作为正义的唯一标准，或者作为社会运行的唯一目标。罗尔斯的正义理论，一方面要优先保证“自由权利”和“形式上”的“机会平等”；另一方面提出对经济利益进行再分配，以求达到一种更为“实质性”的平等。差别原则基础上的补偿性公正原则也许不能实现完全的“实质性”平等，但是，这一原则所希望达到的“博爱”伦理目标值得期待。

应得公正原则是针对所有社会成员的具有普遍性意义的一般原则，而补偿性公正原则是针对穷人和弱势人群的特殊补充原则。在构建美好的和谐社会的历史进程中，必须将应得公正原则和补偿性公正原则结合起来以处理社会成员之间的利益关系。[②]

实现公平正义是社会成员的共同价值追求，然而，抽象的、适用于一切社会的公平正义观念是不存在的。人们不能抽象地谈论公平正义及其实质内涵，而应当将现实的经济社会关系作为公平正义存在和发展的基础，只有坚持唯物史观，才能看清楚公平正义的实质。

按照罗尔斯对公平正义与制度之关系的理解，一种社会制度设计必须将公平正义作为首要价值。一项社会公共政策是否体现了公平正义的价值导向，可以通过以下三个原则来评价。其一是不偏不倚原则。每一项公共政策的制定，对可能涉及的当事人、关系人的利益均应予以全面的、谨慎的和公平的考虑。其二是利益分配普遍原则。一项公共政策应尽可能扩大受益者，使利益分配面向更多的公民，绝不能局限于少数人受益。其三是最大限度地照顾弱势群体利益原则。一项公共政策在制定时，应充分顾及社会上居于劣势的那部分公民的利益，使得弱势群体能够从中享受到最大限度的利益。

---

① 罗尔斯：《正义论》，何怀宏、何包钢、廖申白译，北京：中国社会科学出版社，1988 年版，第 95-96 页。

② 孙春晨：《和谐社会构建中的穷人经济伦理问题》，《道德与文明》2007 年第 6 期，第 76-79 页。

二、自由主义经济学家对社会公正的疑问

自由主义经济学家的市场观认为，由于社会与自由市场秩序一样，都是通过自生自发的方式发展和建立起来的，因此，人们在社会或自由市场有可能获得对自己有利的结果，也有可能获得对自己不利的结果，面对这两种可能的结果，人们都应当理性地予以承受，而不能当不利的情形产生时就抱怨社会的不公平，因为这是个体自由选择行为带来的结果。基于对市场机制自发秩序的笃信，自由主义经济学家一般都反对政府和社会组织通过制定一系列的经济和社会政策来实现社会公正或社会正义。

自由主义经济学的重要代表人物哈耶克认为，所谓的“社会正义”只是一种道德诱惑，在自由市场秩序中不仅是不可能实现的，而且更为严重的是，像大多数追求某种无法达到的目标的努力一样，追求“社会正义”的努力也同样会产生不利后果；尤其需要指出的是，这种努力还趋于限制人身自由。[①]哈耶克虽然反对“社会正义”观念，却不反对正义原则。“社会正义”是当代的习惯用语，人们通常将政府看作是实现社会正义的重要力量。哈耶克反对和批判“社会正义”观念，就是要打破人们心理上长期积淀下来的依靠政府权力实现社会正义的道德“神话”。哈耶克所理解的正义，指的是正当的行为规则，这一意义上的正义是所有法律不可或缺的基础和限度，而且，如果要使自由人之间的和平共处成为可能，那么，就必须使人们的行为受到正当行为规则的支配。同时，正义观念是构成自由人社会得以运转之基础的基本道德观念。正当行为规则意义上的那种正义乃是自由人进行交往所不可或缺的一项条件。[②]哈耶克试图通过对“社会正义”的批判，进一步说明自由主义正义原则的正确性，而且自由主义正义原则是一个社会有秩序运作的法律和道德基础，能够维护每个人的合法权利不受侵害。哈耶克反对的是在自由市场秩序中实现“社会正义”，因为在他看来，带有

① 哈耶克：《法律、立法与自由》（第二、三卷），邓正来、张守东、李静冰译，北京：中国大百科全书出版社，2000年版，第124页。

② 哈耶克：《法律、立法与自由》（第二、三卷），邓正来、张守东、李静冰译，北京：中国大百科全书出版社，2000年版，第165页。

人格化和命令性特征的“社会正义”如果在自由市场秩序中实施，不仅会破坏自生自发的市场规则，还会摧毁建立在自由秩序基础之上的普遍的正义行为规则系统。

哈耶克批判“社会正义”的论证过程，存在着一些相互矛盾之处。哈耶克承认，社会正义的主张偶尔也会促使或推进法律为所有人提供更为平等的保障。但是，对社会正义的诉求是否已使社会变得更加公正，或者说是否减少了人们的不满，哈耶克认为，这仍是必须质疑的问题。正是由于人们对于社会正义的强烈诉求，政府在财富分配和公共产品的提供上做出了切实而有效的行动，哈耶克亲身经历了这样的社会运行和变迁的过程，从而导致他在反对“社会正义”观念时不得不有所退却，其批判性论证过程就出现了逻辑上前后不一致的矛盾情形。①

三、经济社会发展转型期的共享公正追求

促进社会公平正义、增进人民福祉是公共政策的出发点，实现公平正义是全社会和全体公民共同的道德目标。社会公共政策必须围绕“公民的权利诉求”这个中心。逐步建立以权利公平、机会公平、规则公平为主要内容的社会公平保障体系，努力营造公平的社会环境，保证人民平等参与、平等发展权利。②就目前我国经济社会和文化发展的现状而言，依然存在着大量有违公平正义的现象。随着新时代社会主要矛盾的变化，人们不仅对美好生活抱有更高的道德期待，而且，伴随公平正义价值观念的日益深入人心，个体的权利意识也不断增强。在这样的社会背景下，如果不能逐步地、有效地解决社会有违公平正义的诸多问题，就会影响人民追求美好生活、建构和谐社会秩序以及参与公民道德建设的信心。在推进国家治理体系和治理能力现代化的进程中，公共政策的制度设计是一个重要的切入点，必须落实以公平正义为核心的正确价值导向。

① 孙春晨：《哈耶克为什么反对“社会正义”》，《伦理学研究》2013 年第 5 期，第 75-80 页。
② 习近平：《习近平谈治国理政》，北京：外文出版社，2014 年版，第 96 页。

我国经济社会发展和改革开放已进入“深水区”，社会矛盾和利益冲突呈现出多头并发的趋势，为了化解矛盾、消除冲突、保持稳定和构建和谐社会，为人民的幸福生活创造优良的社会条件，需要进一步推进社会的公正。在党的十八大报告中，围绕“更加注重社会公平正义”，反复多次出现了“调整国民收入分配格局，加大再分配调节力度”“着力解决收入分配差距较大问题”“着力保障和改善民生，促进社会公平正义”“初次分配和再分配都要兼顾效率和公平，再分配更加注重公平”等说法，这是在理性认识社会不公平现象的基础上提出的具有指导性和操作性意义的方针和政策，显示了党和政府努力解决贫富差距问题、推进社会分配公平正义的决心。

党的十八届五中全会提出共享发展理念，这是公平正义价值观在经济社会发展和治国理政中的具体体现。共享发展理念的实质是以人民为中心，体现的是逐步实现共同富裕和公平正义的道德要求。共同富裕和公平正义是马克思主义社会发展观所追求的价值目标，按照马克思和恩格斯的构想，共产主义社会彻底消除了阶级之间、城乡之间、脑力劳动和体力劳动之间的对立和差别，实行各尽所能、按需分配，这个时候才真正实现了社会共享、实现了每个人自由而全面地发展。

依据新时代社会主要矛盾转化的论断进行分析，发展不平衡问题应当通过“全民共享”与“全面共享”来加以解决。强调“全民共享”我国经济社会发展成果，凸显的是共享主体或共享人群的全面覆盖，而“全面共享”则是对共享内涵的规定，不只是共享经济发展成果，而是经济、政治、社会、文化和生态等多领域的全面共享。推进共享发展是一项长期的、艰巨的工程。不能消极地等待经济发展到某一个程度后再来解决社会公平正义问题，做大“蛋糕”和分好“蛋糕”是一个内在相互联系的过程，可以同时进行。[①]以公平正义的伦理原则和价值理念为指导，面向全体社会成员分配好不断做大的“蛋糕”，这是增强社会成员幸福感的重要方面。

① 陈伟宏：《公平正义：国家治理现代化的价值基准》，《中州学刊》2019 年第 12 期，第 117 页。

第三节　以分配公正促进弱势群体的幸福*

一个社会的改革和发展确实需要一部分人付出一定的代价，但是，改革和发展的代价不应只由弱势群体来承担；如果必须要由一部分人来承担，那么，这一部分人也理应获得社会给予的相应补偿和回报，绝不能让这部分人沦为改革和发展的牺牲品。党的十八大以来，精准扶贫取得实效。因此，以分配公正促进弱势群体的幸福是社会公正能够得到有效落实的重要一环。

一、以创新社会管理改善民生

社会管理是政府公共行政活动的主要领域，它的基本任务是协调社会关系、规范社会行为、解决社会问题、化解社会矛盾、促进社会公正、应对社会风险、保持社会稳定和增进人民幸福。20 世纪 70 年代以来，面对政府公共行政活动中出现的治理危机，西方社会掀起了一场针对行政行为理念的改革运动，提出了新公共服务理论，其核心就是实现政府公共行为由管制型向服务型转变。服务型政府的价值导向是一种伦理性导向，旨在最大限度地维护公共利益，有效地增进和公平地分配公共利益，纠正以往公共行政和社会管理中过分讲求效率、忽视公平正义的错误倾向，改变公共权力的行使与公共利益的实现之间的异化状况，以赢得社会成员对政府公共行政行为的认同、支持与信任。

在过去很长一段时期内，完成社会管理任务的方法大多依靠政府的管制，而管制是一种自上而下的、硬性的、带有强迫性的权力行使过程，管制者的行为带有命令式的特征，而被管制者只能无条件地服从。从管制转为服务，表面上看只是两个字的不同，却改变了公共权力行使的根本性质，赋予了社会管理人性化的道德特征，这是以服务为核心而实施社会管理过程的理念创新，社会管理

---

* 孙春晨：《和谐社会构建中的穷人经济伦理问题》，《道德与文明》2007 年第 6 期，第 76-79 页。

因之而充满了丰富的道德内涵。

有效地增进和公平地分配公共利益是政府公共行政决策的伦理标准，内蕴着关怀全体公民福祉的道德意义，它理应成为社会管理理念创新的首要伦理目标。建立服务型政府是全球政治文明建设与公共行政现代化发展的趋势，政府管理的公共性特质决定了公共行政行为具有重要的伦理价值。新公共服务不只是最新的管理时尚或者管理技巧。更确切地说，它是对我们是谁以及我们为他人服务的原因的一种界定。它是一种对价值观的根本改造。[①]那种为公民"掌舵"、过分追求公共行政效率的价值观让位于为公民服务、更加注重社会公平正义的价值观，这既是政府社会管理价值观上的转变，同时也是对公共行政行为和社会管理行为的道德性限定。

社会管理工作千头万绪，但归根到底是围绕着处理公民生活中的各种困难、维护社会秩序的稳定与和谐、追求经济社会发展的公平正义等核心问题展开的。从这个意义上说，社会管理的过程就是一个不断推进社会伦理关系由无序向有序发展、提升全体人民幸福水准的过程。在经济社会发展中实现公平正义，要求社会管理部门以人性化和柔性化的姿态创新为人民服务的实现方式，从社会管理体制、基本公共服务体系和社会组织体制上真正做到以人民群众利益为重、以人民群众期盼为念，着力解决好人民最关心、最直接、最现实的利益问题。只有在社会管理中将以人为本的价值理念具体化，体现在维护民众生存和发展等基本权利的细微之处，不断满足人民群众日益增长的物质生活和精神生活需求，才能形成有利于公平正义实现的和谐氛围。

社会管理创新应围绕保障和改善民生这个中心环节展开，社会管理必须关心人民群众生活中的疾苦、帮助他们解决生活中的难题。在我国现阶段，看病难、上学难、住房难等问题一直困扰着人民群众的日常生活和工作，直接影响着他们的幸福感受和幸福指数。公共行政的精神是建立在对所有公民的乐善好施的道德基础之上的。[②]在社会管理创新中实践乐善好施的伦理要求，意味着

---

① 珍妮特·V.登哈特、罗伯特·B.登哈特：《新公共服务：服务，而不是掌舵》，丁煌译，北京：中国人民大学出版社，2004 年版，第 167 页。

② 弗雷德里克森：《公共行政的精神》，张成福、刘霞、张璋，等译，北京：中国人民大学出版社，2003 年版，第 204 页。

公共行政活动必须服务于最大限度的公共利益、公平地对待所有公民的各方面需要。①

民生需求是否能得到充分的满足，关涉公平正义是否能得到有效的实现。政府的公共服务并非全部具有福利性，政府出资能够购买一些基本的公共服务，还有一部分基本公共服务需要个人付费购买，这就要求人们必须具备购买和享受基本公共服务的经济能力。弱势群体因经济收入较低以及相关政策的不配套，无力购买教育、社会保障和医疗卫生等基本公共服务，丧失了享受政府基本公共服务的机会，从而导致了基本公共服务的非均等化，公平正义的价值目标就不可能实现。因此，社会管理创新必须着力于提高弱势群体购买基本公共服务的经济能力这一重大的民生问题，以减轻政府供给基本公共服务的压力。因此，需要改进政府提供公共服务的方式，加强基层社会管理和服务体系建设，畅通和规范群众诉求表达、利益协调、权益保障管道。唯有如此，才能为社会成员提供和创造更多的接受教育、享受社会保障和医疗卫生服务以及就业的机会，不断提升社会成员的基本公共服务购买力，实现社会成员之间的权利公平、机会公平和规则公平。②

二、实现有助于穷人幸福的分配公正

任何国家都存在富人和穷人，任何社会都存在贫富差别，但承认这样的事实，绝不等于可以放任这样的社会现象肆意发生，使得穷人越来越多，贫富差别越拉越大。落实补偿性公正原则、减少贫困人口、改善穷人的生活现状以及缩小贫富差别，需要从利益分配问题上着手，在分配中体现公正的价值要求。无论是穷人数量的巨大还是贫富差别的加大，从本质上说，都反映了一个社会利益关系中的矛盾和冲突。利益关系是社会关系的本质，因为人们奋斗所争取的一切，都同他们的利益有关。利益有多种表现形式，包括经济利益、政治利益和文化利益等，其中经济利益是实现其他利益的基础。对穷人来说，能够获得保证其生存

① 孙春晨：《社会管理创新与公民道德发展》，《唐都学刊》2014 年第 1 期，第 1-5 页。
② 孙春晨：《公平正义：社会建设的价值基准》，《桂海论丛》2013 年第 1 期，第 16-19 页。

和发展的合理经济利益和经济权利是第一位的。追求利益是人类一切社会活动的基本动因，而利益差别则是社会矛盾产生的基础。和谐的社会并非不存在任何矛盾或利益冲突的社会，但一定是重大矛盾能够得到有效化解、各种利益关系比较协调的社会。当收入不公、利益分配不合理成为社会生活中的严峻问题，社会的利益矛盾和冲突已经严重影响了一部分人的生存和发展这一基本人权的实现，并将阻碍和谐社会的发展进程时，研究如何提升穷人的幸福指数在实践中的重要价值就显而易见了。

穷人生活状况的改善，对整个社会的进步和发展具有积极的意义。自由主义经济学家斯密对有利于社会下层的分配公正予以支持，他指出：有大部分成员陷于贫困悲惨状态的社会，决不能说是繁荣幸福的社会。[①]近代英国经济学家马歇尔（Marshall）认为，社会财富分配上的不公正是经济体制中的一个严重缺陷，人类的经济体制和社会组织应该关心那些生活在社会下层的人群。斯密和马歇尔都认为，改善社会下层穷人的生活状况对整个社会来说是有好处的，他们希望通过分配的公正，使得穷人在利益上得到实惠，从而过上幸福的生活。

有利于穷人的分配公正需要进行社会财富的转移。福利经济学家庇古（Pigou）认为，经济福利在很大程度上受国民收入的数量和国民收入在社会成员间的分配方式的影响。提高穷人所获得的实际收入份额，一般说来将增加经济福利。为实现分配结果的公平，必须将国民收入从富人向穷人那里转移。[②]庇古将分配的公正，尤其是有利于穷人生活改善的分配与整个社会的福利结合起来讨论，出于对穷人利益关怀的伦理考虑，明确地表明了将国民收入从富人向穷人那里转移的价值立场和伦理态度。德沃金（Dworkin）反对形式上的平等，主张给予处于不利地位的群体和个人以更多的保护，在对社会财富进行分配的时候，要照顾社会上处境最不利者。为了减少不平等，德沃金支持对弱势群体采取的优待“补偿行动”，他认为对穷人的补偿措施并不违反“平等保护”的宪法原则，没有侵犯公民作为平等的个人而受到同等对待的权利。

---

① 斯密：《国民财富的性质和原因的研究》（上卷），郭大力、王亚南译，北京：商务印书馆，1972 年版，第 72 页。

② 乔洪武：《正谊谋利》，北京：商务印书馆，2000 版，第 250 页。

第六章

文化发展视域下的民众幸福观照

什么是幸福？回答这个问题需要明确这样一个前提，即我们依据什么标准来回答这个问题。这个标准是客观统一的，还是主观个别的，抑或是主客观相互结合的？在生活中，我们常常发现面对相似的生活境况，有人觉得幸福，有人觉得不幸福；甚至同一个人，面对相似的生活境况，也会有时候觉得幸福，有时候则相反。因此，幸福与否似乎取决于个人的主观感受。持不同意见的人们认为：幸福不是主观感受，而是个人需要，主要是物质需要得到了满足的状态。不过，不同的人在不同时期也有不同的需要，同一个人的需要也是多层次的；何况满足需要的方式也是多种多样的。对于什么是幸福，我们在此无意给出一个权威的答案，但有一点是确定的，所谓的幸福，绝不是单纯的主观体验或者物质等需要得到满足；而幸福的实现，更是诸多主客观因素相互作用的结果。换言之，幸福既不是头脑的幻想，也不是物质的简单堆积。幸福需要有一定的物质基础支撑，而在此基础上，还需要有精神追求得到满足。从追本溯源的角度讲，人类一开始更侧重于对物质条件的追求，当生存问题解决后，人类便注重精神需求的满足，此后，物质需求与精神追求相互作用，共同影响着人们对幸福的理解和探究。从本质上看，这个过程也是文化发展的过程，其沉淀下来的静态结果就是文明。

社会生活事实告诉人们，文化对于提升幸福的作用是持久存在的，而且这个作用是别的方面所不能取代的。这也让我们更清楚地认识到，仅仅强调或者仅仅依靠以经济发展改善生活水平的方式来提升幸福感是不够的，追求国民幸福感提升需要经济、政治、文化和社会各项事业协同发力，特别是文化在提升国民幸福感方面的作用是不能缺失的。事实上，从科学发展观的提出，到和谐社会、美丽中国的构建，再到全面深化社会改革方案的提出，我们对幸福的理解已经不再限于经济水平的提高，而是逐渐由追求经济意义上的幸福向追求文化意义上的幸福转变。只是这个改变总体上还是自发的，缺乏理论层面的深入研究和论证，更缺乏现实层面的自觉实践。本章试图从理论层面探讨文化发展与民众幸福的关系，进而从现实需要的角度，强调文化发展对民众幸福感提升的重要作用。

第一节 观照幸福的文化视角*

我们是从人化意义上的文化观照幸福的。什么是人化意义上的文化？人化意义上的文化主要是强调文化的产生、发展和本质与人的产生、发展和本质之间的一致性的特点，即文化的形成、发展与人的形成和发展是同一个过程。文化是人独有的特征、独有的发明、独有的创造。因此不同的文化实质是不同的民族的不同的生活方式。梁漱溟认为，文化就是吾人生活所依靠之一切。[①]克拉克洪（Kluckhohn）认为：文化是历史上所创造的生存方式系统，它具有为整个群体共享的倾向，或是在一定时期中为群体的特定部分所共享。[②]对于人化的文化，我们至少要考察两个方面。第一，与自然相异又共存的文化。人本身是自然界的一部分，人通过文化超越了自然，但是人不可能完全脱离自然，因此，从文化角度观照幸福，首先需要考察文化的这一面及其对理解和实现幸福的影响。第二，作为人的本质的文化。前者侧重于人与自然关系的界定和处理，后者侧重于人与人、人与社会关系的界定和处理。

---

* 丁春华：《文化幸福中的文化含义界定》，《华北电力大学学报（社会科学版）》2014 年第 4 期，第 90-93 页。

① 梁漱溟：《中国文化要义》，芜湖：安徽师范大学出版社，2014 年版，第 1 页。

② 克鲁克洪，等：《文化与个人》，何维凌、高佳、何红译，杭州：浙江人民出版社，1986 年版，第 6 页。

一、与自然相异又共存的文化——观照幸福的基本依据

无论从人类的诞生还是从文化的发展看，无源之水、无本之木的状态，都不可能带来生命的正常延续以及人类可持续的幸福生活。但是在现代化初期，人们对待自然的态度一度倾向于焚林而猎、涸泽而渔。资源短缺、环境污染等全球问题迫使人们反思人与自然的关系，文化生态学因此盛行。在这个背景下，我们回顾一下人化文化中关于人与自然关系这一方面的变化。

汉语的“文化”对应的英语单词是 culture，其拉丁文词源本义是人对土地的耕耘、耕作及种植，所以就有了教养和久经锤炼得以存在的意思。[①]文化首先是通过人的行为，运用自然界有的东西生产出自然界没有的东西，是人有意识地、积极主动地改变自然。不过，不是为了改变自然而改变自然，是为了改善人的生存状态而改造自然。其次，人在改造自然的同时，也通过耕作活动以及对耕作的总结和反思改造着人的身体结构和学识结构，不断加深对自然和自身的认识，因此，文化有自我修养的意思在其中。最后，在 18 世纪末 19 世纪初，文化增加了社会规范的含义。以欧洲为例，不同社会阶层有不同的规范，因此对 culture 和对 civilization 的用法也不同。当时欧洲上流社会喜欢用 civilization 表达本阶层有地位、有品位，这里的 civilization 特指贵族形成的一整套包括服装、语言等在内的礼仪规范，不遵守这套规范在这个阶层的圈子里是会被嘲笑和排斥的。当时欧洲以新兴资产阶级为代表的中产阶级喜欢用 culture，标榜的是本阶层不拘泥于俗套，具有自由、开放和包容精神，重视内容大于形式。

汉语的“文化”本身也有一个含义演变的过程。最初古汉语中“文”与“化”是分开的，各有其独立含义。“文”与“化”连用，构成的“文化”这一词可以追溯到《周易·贲卦·彖传》。“文”原指自然物的纹理，组成“天文”一词泛指自然规律，组成“人文”一词指人伦、社会规范。“文化”在很长一段时间里最主要的含义是教化，目的是使人遵循社会秩序。这与英语中的 culture 相似。

---

① 庄锡昌、顾晓鸣、顾云深，等：《多维视野中的文化理论》，杭州：浙江人民出版社，1987 年版，第 365 页。

culture 在西方的近代，除了礼仪、秩序，还增加了一部分——自然科学及其转化运用，即科技。马克思主义认为：人与自然的关系是密切的，人本身就是自然的一部分，人在生存生活中要不断地与自然打交道。科技赋予人巨大的力量，这力量一度让一些人认为人已经由自然物之一变成了凌驾于自然之上的物种。于是一些人主观上要彻底超越自然，客观上开始破坏自然。其后果就是今天的环境污染、资源短缺等全球问题出现，这给全人类带来生存危机。人类想要更加文明、不断进步、增加幸福感，但是，以摆脱自然、破坏自然的方式，会事与愿违，给人类带来不幸。

在我国近代，汉语的“文化”含义也发生了一些变化。在这之前，我们的文化主要内容是“天文”“地理”“岐黄之术”“军事”等，其核心是“道”。什么是“道”？古人说“形而上者谓之道”。“道”是无形的，又是无所不在的，万事万物都有各自的“道”，但是大“道”又是统一的。宋明时期，以人伦为主要内容的“道”“理”出现封闭僵化的趋势，形式远大于内容、远重于内容。这也是近代批判的封建礼教吃人的来源所在。僵化、排斥科学是汉语“文化”含义在近代之前的特点。科学及其转化——技术，被看作不同于“道”的“器”，是雕虫小技。因此，汉语“文化”的优点在于重视人生大道理，缺点是不注重改善生活的具体物质技术层面。追求精神境界提高固然好，但是精神追求过于超越现实，没有足够的物质条件支撑，容易沦为假大空。因为古代文化重视人和人的精神世界，梁漱溟先生称其为“早熟的文化”。换言之，在西方近代，西方文化走向自然科学的极端，忽略人文的一面。在中国古代，文化走向人文科学的极端，忽略自然科学的一面。

在中国近代，列强侵略打开闭锁的国门——被打开的“国门”不仅是疆土界线意义上的，也包括文化意义上的。魏源提出“师夷长技以制夷”。近代汉语“文化”含义发生了巨大的变化。对于文化是“全盘西化”“中体西用”，还是“中体中用”，曾经争论不休，最终没有明确定论。但是在很长一段时间里，传统文化几乎不做优秀与糟粕之分，统一成为批判对象。“师夷长技”，首先学的就是技术，我们当时没有时间、人才和耐心搞科学，我们急于得到结果。这个时期文化的发展，用李泽厚的话说是“救亡压倒启蒙”，形势所迫，使得人们没有时间来客观地、完整地、深刻地反思我们的传统文化。

改革开放多年后，我们也出现了环境污染问题，同时全球化使得我们不得不和西方一起面对全球环境污染、资源短缺等问题。在国内市场经济制度及其配套制度逐渐完善的过程中，社会出现了道德滑坡问题；国际上的治理环境、保护资源、生态优化等现实问题，让人们又想起了传统文化中适合时代需求的那些内容。人们重提传统文化对个人私德修养提高的影响，以及对于民族精神境界提升的意义。如此种种，实质是强调物质与精神的相互作用，解决有钱后如何培养出支配钱的能力，而不是被钱支配的问题。这体现的是一个感受、实现幸福的能力问题。另外，传统文化的一个重要观点就是“天人合一”，追求人与自然和谐共存、共发展。

二、作为人的本质的文化——观照幸福的根本依据

处理人与自然的关系仅仅是文化的一个基本层面，处理人与人、人与社会的关系是文化的更高层面。人与自然关系中其实已经内含了人与人的关系。所有人都有对自然依赖的一面，人本身就是自然物，是自然的一部分。在生产力不发达的时代，人们在和自然打交道时需要依靠群体分工合作，此时的分工合作突出了人之为人的一面。马克思主义认为：动物和自己的生命活动是直接同一的。动物不把自己同自己的生命活动区别开来。它就是自己的生命活动。人则使自己的生命活动本身变成自己意志的和自己意识的对象。他具有有意识的生命活动。即人离不开自然，但是这个离不开与动物依靠本能生活有本质区别。人与其生命活动不是同一的，人虽然也要满足生理需要，但是会讲究方式、场合等，这就是文化的另一层面——人与人之间的关系不同于纯粹的自然关系，人有意识地建构人与自我、人与人、人与社会关系的规范，即秩序。

据人类学家考察，最初的宗教就发挥着规范部落人群行为的作用，这也是文化的最初形式之一。从一开始，文化与人就是无法完全剥离开的。蓝德曼（Landmann）在他的《哲学人类学》一书中这样概括文化与人的关系，他说：如果没有人的实现，文化便不会存在，但没有文化，人就一无所有。这两者互相不能分离。[①]我们正是从这个意义上说文化是人的本质。正是文化使人为人，使社

① 蓝德曼：《哲学人类学》，彭富春译，北京：工人出版社，1988年版，第266页。

会井然有序，使不同地域和民族的人有了各自的特色。文化由于具体内容和仪式可以分为许多具体的种类，但是不同种类文化的作用是相似的——为人与自我、人与人、人与社会关系提供了规范。

首先，文化是人创造、传承和创新的，人往往是根据自己对人之为人的理解创造文化的。可以说，文化的本质一开始就是依据人的本质被塑造的。正如有学者总结的：人们创造文化，实质上是使自己和周围的世界按照“人”的理念、理想、意义而“化”，并以这种理想状态的“人”作为标准、参考系，来“化”即改变世界、改变自己。[①]人的文化创造与其他动物的本能行为有本质区别。人不但知道自己在做什么，还知道为什么做。人的视野和行动不仅不局限于某个动物属种，而且不局限于物质积累，很早人类就在实用之外开发出了审美。

其次，人们参照人的本质塑造文化的本质。那么人的本质又是什么呢？“理想的人”是怎样的呢？自古以来，人们对人之为人的本质有许多总结，卡西尔（Cassirer）在他的《人论》中的观点比较权威：人的突出特征、人与众不同的标志，既不是他的形而上学本性也不是他的物理本性，而是人的劳作（work）。[②]这就是马克思主义所讲的物质生产劳动，包括体力劳动和脑力劳动，实质上二者在人的创造性活动中都是有机结合、难以区分的。人运用自然界有的东西创造出自然界没有的东西，创造出人类独有的生活方式。

最后，人参照人的本质创造了文化，文化一旦产生，反过来成为塑造新的社会人的标准、规范。正是在这个意义上，美国人类学家本尼迪克特（Benedict）说：每一个人，从他诞生的那刻起，他所面临的那些风俗便塑造了他的经验和行为。[③]因此，一个成熟并且保持了生命力的文化内蕴的价值决定着一个社会中的人的实现和行为。这个文化中关于伦理、法律和公平正义等理念的价值规定，决定着社会是等级森严的还是开放流动的。简言之，一个社会的文化价值、文化氛围本身就能够直接影响人们的幸福，会影响生活在这个文化氛围内的人对幸福的理解、对幸福的感受和实现幸福的能力。在这个意义上，不丹前首相廷莱

① 孙美堂：《文化价值论》，昆明：云南人民出版社，2005年版，第42页。
② 卡西尔：《人论》，甘阳译，上海：上海译文出版社，2004年版，第95-96页。
③ 本尼迪克特：《文化模式》，张燕、傅铿译，杭州：浙江人民出版社，1987年版，第2页。

（Tinley）说：一个没有保持自己丰富文化的国家，人民的选择性与福祉都会减损，并且大受限制。

第二节　文化对于幸福生活的价值意蕴*

在不同的时代、不同的地域环境以及不同的生存条件下，人们对“什么是幸福”有着不同的理解。基于对幸福的不同理解，人们实现幸福的途径和方式也有不同。曾经人们认为，幸福等同于经济幸福，即经济水平的不断提高必然带来幸福感的不断提升。但是，随着环境污染等问题的出现，人们已经认识到仅仅通过发展经济不足以支撑人们的幸福感提升。在这个背景下，加之文化研究热的兴起，人们开始关注通过文化实现和提升幸福的课题。当前关于“什么是幸福”的共识从经济幸福向文化幸福转变，文化幸福强调在经济发展改善生活的基础上，注重精神的愉悦、价值的实现和社会成就感的不断增强。

一、文化对幸福的一般影响——文化幸福与经济幸福的区别

由于经济水平落后和对社会发展规律认识不够深刻，我们曾经把经济增长与民众幸福等同起来。直到近年来，在经济有了一定程度发展的基础上，人们才发现仅仅依靠经济发展满足不了人的所有需要，特别是精神层面的需要。相反，过度强调经济发展会导致社会发展不平衡，从而影响幸福感的提升。于是人们开始反思经济幸福，探索文化幸福。那么，这两种幸福的根本区别是什么呢？或者说，文化对幸福的一般影响是什么呢？价值观是文化的核心，文化幸福与经济幸福的根本不同就在于遵循的价值观不同。

---

* 丁春华：《文化价值对文化幸福的影响———以精英文化与大众文化为例》，《武汉科技大学学报（社会科学版）》2015 年第 2 期，第 218-221 页。

价值观通常被分为两大类：一类是内在的，一类是工具主义的。[①]“内在的价值观”主要是指人们立足“人之为人”的道德标准、由内而外生发的价值观，这种价值观是人们不考虑外在物质的得失而必然要遵循的。“工具主义的价值观”主要是指那些直接对人们的名和利有帮助，人们才予以遵循的价值观。“工具主义的价值观”是不断变化的、暂时的，用过或者过时了就不必遵循了。“内在的价值观”的时效往往持久，对人生长久起着导航作用。“内在的价值观”与“工具主义的价值观”的划分恰当地揭示了文化幸福与经济幸福在价值观层面的不同：文化幸福主要是遵循“内在的价值观”的结果；经济幸福主要是遵循“工具主义的价值观”的结果。

工具主义价值观以人为发展经济的工具和手段，为了经济增长可以为所欲为。文化幸福观认为，最有价值的不是身外之物而是人本身，幸福的源泉不是物质财富一直增加，而是在一定的物质保障基础上人自身的不断成长和内心的丰富。经济发展是实现人的发展的手段。文化幸福观认为，个人的能力提升、内心丰富和人格完善都是比获取金钱更有价值的。正如有的学者所指出的：我们固然可以把对经济利益的追求定义为“经济自觉”，但如果不能把经济自觉上升为文化自觉，即认识到经济的工具性质，就会在“挣钱—享受—再挣钱—再享受”的怪圈中奔忙。之所以称“怪圈”，就在于终生为工具奔忙，而忘记了人自身的价值。[②]文化幸福以人本身的价值作为追求幸福的出发点和实现幸福的最终内容。

因此，从文化角度观照幸福，我们首先要认识到文化幸福从总体上超越了经济幸福。当人们把人生的价值从工具主义价值观改变为内在价值观时，人与社会、自然和他人的关系才是真实的。人们要创造和获得幸福，需要自觉地、持续地提升自身的能力。一个人如果没有艺术修养，即使用钱买来了高水平的音乐演奏，也仍然得不到真正的艺术享受。因此，真正的幸福是人内在的、真实的需要得到满足以及在满足需要过程中自身能力得到提升，而不是外在地、以金钱为中介来实现的。

---

① 亨廷顿，哈里森：《文化的重要作用》，程克雄译，北京：新华出版社，2002年版，第81-82页。

② 胡政平：《文化自觉与国民幸福》，《兰州大学学报（社会科学版）》2012年第6期，第95页。

二、文化对幸福的具体影响——精英文化与大众文化的幸福取向

文化幸福遵循内在价值观，这个内在价值观的核心是以人为本，即把人的发展、人的成长作为经济社会发展的最终目的。正如马克思主义认为的，国家和社会的发展与人的发展是有机统一的，人的生存和生活改善与国家社会治理趋于完善是一致的。只有社会中的人身心健康、充满活力、保持对世界客观清醒的认识并且参与建设，国家和社会才会充满活力、可持续发展，国家和社会才不会迷失大方向。文化是以“文”教化的过程。这个过程包括三层含义：第一，用什么样的“文”去“化”人；第二，用什么样的方法方式去“化”人；第三，往什么方向去“化”人。对这三层内涵中的一个理解不同就会具体影响到人们的幸福观。因此，具体到每个国家、社会和民族的文化、价值观，或大同小异，或差异明显。于是对文化幸福的具体界定、对文化幸福的实现方式和途径也是多种多样的。譬如，精英文化追求的文化幸福就不同于大众文化；传统文化追求的文化幸福不同于现代文化；本土文化追求的文化幸福不同于外来文化；等等。再如，同属于传统文化，法家、儒家和道家的价值观各有特点；同属于本土文化，不同民族和不同地区的文化价值观也有一些具体差别。这些价值观的具体区别决定了各种文化追求的幸福内涵不完全一致。接下来，我们以精英文化与大众文化的具体价值追求为例，来考察文化对幸福的具体影响。

（一）精英文化对幸福的理解

精英文化主要指一定社会的知识分子所精心创造、传播和分享的文化，旨在表达他们的审美趣味、价值判断和社会责任。在用什么样的“文”去“化”人的问题上，精英文化强调文化内容深刻的思想性，注重文化作品的灵魂、意境和思想内涵。精英文化的主体是社会的“高级”知识分子。这里的“高级”，一是指受教育程度高，一是指社会地位高。精英文化的受众主要也是文化素质较高的知识分子或文化人。精英文化在精神上与中国传统的士大夫文化是一脉相承的，有自觉的、厚重的社会使命感和严肃的价值方向。在用什么样的方法方式去“化”人、往什么方向去“化”人方面，精英文化注重建功立业、做大事，往往

不以感官的愉悦为目标，即使追求愉悦也是精神上的愉悦。

在社会精英眼中什么是幸福？泰勒·本-沙哈尔在《幸福的方法》一书中，归纳了四种典型的人生态度和行为模式：第一种是“享乐主义型”，这种人为及时享乐而出卖未来的幸福人生。第二种是“忙碌奔波型”，这种人认为此刻的一切努力都是为了实现未来的目标，痛苦的过程是获得未来幸福的必由之路。第三种是“虚无主义型”，这种人对生命已经丧失了希望和欲望，他们既不享受眼前的所有，对未来也没有任何期望。第四种是“感悟幸福型”，这种人不但能够享受当下所做的事情，而且通过目前的行为，也可以拥有更加满意的未来。[①]在这四种类型中，“忙碌奔波型”比较贴近精英文化对幸福的理解，或者说精英文化赞同“忙碌奔波型”的人生态度和行为模式。

无论是传统的士大夫文化，还是现代的精英文化，都肯定一点——“吃得苦中苦，方为人上人”。求学过程是痛苦的，要“头悬梁，锥刺股”，这个痛苦的过程是获得将来幸福的必要牺牲。这种观念被贯彻到家庭教育和学校教育中，无论是父母还是老师，一直坚持传达给孩子这样的观念：上学的目的是取得好成绩，这样长大以后就能有一个赚钱多又体面的工作。然而，较少被提及的是，学校也是个可以获得快乐的地方，或者说，学习本身就应该是一件开心的事情。[②]

在工作后，幸福与否往往用赚钱多少来衡量，有钱、有地位就“等同于”幸福。这里仍然贯彻了重视结果高于过程的理念。精英人士关于幸福的基本思维方式是：当有自己的住房、职位达到某级别、薪酬达到某个数字的时候，就可以感受到幸福了。但是，常常出现的情况是：在那个以为会很幸福的时刻到来时，幸福并没有相伴而来，那一刻等待他们的往往是新的目标、新的焦虑和新的奔波。为什么会这样呢？最主要的原因是我们的文化造就了这种信念：如果成绩全优，家长就会奖励；如果工作表现好，就会得到奖金。我们习惯了去关注更远大的目标，却不在意当下的感受，最后导致终生的盲目追求。[③]精英文化在教育理念中的体现，影响了人们对什么是幸福的看法，这个看法重视结果轻视过程、重视未来忽视当下，进而影响了人们的幸福感。

---

① 本-沙哈尔：《幸福的方法》，汪冰、刘骏杰译，北京：中信出版社，2013 年版，第 15-16 页。
② 本-沙哈尔：《幸福的方法》，汪冰、刘骏杰译，北京：中信出版社，2013 年版，第 17 页。
③ 本-沙哈尔：《幸福的方法》，汪冰、刘骏杰译，北京：中信出版社，2013 年版，第 19 页。

（二）大众文化对幸福的定位

大众文化是依靠现代科技和传媒广泛流行的、可普遍消费的文化，它易接受、易传播。在用什么样的“文”去“化”人的问题上，大众文化以满足大众休闲娱乐需要为出发点和最高价值目标，追求的是眼前、当下的欲望的满足。大众文化对幸福的定位是：幸福就是满足当下的欲望，事情只要能令自己开心，就值得做，就是有价值的。大众文化鼓励和助长“享乐主义型”的人生态度和行为模式，这种模式往往将奋斗和痛苦、快感与幸福等同化。[①]

在用什么样的方法方式去“化”人、往什么方向去“化”人方面，大众文化通过畅销小说、商业电影、肥皂剧、八卦报刊、卡通音像制品、营利性体育比赛以及时装模特表演等等，大大丰富了人们的生活，填满了人们的空闲时间。大众文化自从产生就是以技术为工具批量制造、以传媒为媒介广泛传播的。它迎合了人们对休闲娱乐的需要，但不是被动迎合，而是主动出击。由于一开始就是作为商品出现的，大众文化的商业目的性极强，极其注重消费。因此，大众文化过度重视满足人们的“需要”和热衷于开发人的“新需要”，只要这些“新需要”在当下有市场。至于这些“新需要”对于个人的健康和长远发展是有利还是有害，不在大众文化价值考虑范围内。简单地说，大众文化认为最有价值的不是未来，而是当下；当下最有价值的不是努力提升能力，而是享受、享乐、体验快感，并且把“享受、享乐、体验快感”等同于幸福。

不可否认，大众文化为人们娱乐消遣提供了比较广阔的空间，在一定程度上有助于提升个人生活的幸福感。但是，幸福感和稍纵即逝的快感毕竟不同。大众文化商业化趋势越来越明显、社会影响越来越巨大！支撑大众文化迅速发展的力量是文化“消费”，大众文化的商业化或者说过度商业化的大众文化容易让人沉沦其中，不考虑生活的意义，因此失去生活的方向。

（三）整合文化价值观提升文化幸福

在传统文化中，作为精英文化的士大夫文化与农民文化分别被用“阳春白雪”和“下里巴人”指代，这两个词本身就说明了两者泾渭分明。今天精英文化

---

① 本-沙哈尔：《幸福的方法》，汪冰、刘骏杰译，北京：中信出版社，2013 年版，第 21 页。

与大众文化的关系要复杂得多。精英文化与大众文化仍然区别明显，但是这个区别不再是泾渭分明的，精英文化与大众文化相互影响。通过前面的分析，我们发现，精英文化重视未来忽视当下、重视结果忽略过程；大众文化只关心当下不关心未来、只注重过程不注重结果。因此，要更好地把握幸福，需要精英文化与大众文化融合互补。要融合精英文化与大众文化，根本在于整合这两种文化的价值观，重新定位文化幸福。这种新的文化价值观既重视当下也重视未来，既关注结果也关注过程。这种价值观追求的幸福接近"感悟幸福型"的人生态度和行为模式。

具体来讲，大众文化只追求过程不注重结果，容易导致生活盲目、没有目标，使人成为精神萎靡、空虚的享乐主义者，而精神、心灵上空虚是魔鬼的温床。[①]精神、心灵上空虚是一些官员腐败的主要原因之一，也是一些社会问题的根源之一。精神、心灵上不充实难以实现幸福感提升，容易导致生活不幸福。因此，大众文化的发展需要精英文化的制约，减弱其媚俗的倾向，减弱其过于重视感官的当下快感的弊端。精英文化本身也存在曲高和寡的问题，在道德、精神追求上目标过远、标准过高，以至于只有很少人能够达到，多数无法达到的人实质上也就没有了目标、标准的约束和规范。何况，仅仅依靠精英文化根本满足不了当前各个阶层人们的一般文化需要，社会发展需要大众的普遍参与。精英文化要扩大其影响、要广泛传播，就必须大众化。

生活就是没尽的意欲和那不断地满足与不满足罢了。[②]人生的过程就是一个不断产生需要和满足需要的过程。在这个过程中人有许多需要，满足哪些需要以及如何满足这些需要决定了不同的民族文化、地区文化和阶层文化的产生和发展。马斯洛把人生必须满足的那些需要归结为五大层次。每一个层次的需要得到满足都会相应地提升主体的幸福感。如果说大众文化主要满足的是低层次的需要，那么精英文化更侧重于高层次需要的满足。从这个角度来说，大众文化与精英文化也是可以互补、可以融合的。大众文化追求毫无作为的享乐，时间久了可能会造成身体机能丧失、精神倦怠；精英文化追求无止境的劳碌奔波，也容易导致身心疲累。只有在不停地确证自己的力量的过程中，人才能够不断提升

① 廷莱：《幸福是什么》，陈俊铭译，北京：外文出版社，2013 年版，第 17 页。
② 梁漱溟：《东西文化及其哲学》，北京：商务印书馆，1999 年版，第 32 页。

幸福。因此，心理学家契克森米哈赖说：人类最美好的时刻，通常是在追求某一目标的过程中，把自身实力发挥得淋漓尽致之时。[①]

总之，人因文化自觉而自信，因文化自信而有创造，因文化创造而有幸福。[②]我国的现代化与西方发达国家的现代化有一个很大的区别：西方以历时的形态依次更替的农业文明、工业文明和后工业文明及其基本的文化精神，在我国以共时的形态存在。这使得我国当前存在不同的文化精神和价值观念，同时影响社会发展和人民幸福。因此，关于文化与幸福，我们还可以探讨很多，像本土文化、外来文化对幸福的影响，传统文化、现代文化对幸福的影响等。本书以精英文化与大众文化对幸福的具体影响为例的探讨，仅仅是一个例证式的探讨，以此阐明：文化价值观对文化幸福具有决定性影响，文化的融合发展、文化价值观的不断整合是推动文化幸福的根本；只有将既有利于当下又有利于未来的文化价值观化入人们内心、融入人民血液，进而形成文化自觉、文化自信，实现文化自强，幸福感才能油然而生。

三、文化知识水平对幸福的影响

关于文化对幸福的影响，前文的两个方面都是从文化价值观的角度加以考察的。但是，幸福的主体是人，人在幼年时期往往是通过教育（家庭教育和学校教育）形成和改变自己的价值观的；即使成年时期，拥有了一定程度的文化自觉，也要通过继续学习来完善和更新价值观。因此，主体的受教育程度，即主体的文化知识水平，对于幸福的影响虽然不是根本性的，却是基础性的；拥有一定的文化基础，才能真正参与文化生活，获得和提升文化幸福。

主体的受教育程度对其幸福感的影响是客观存在、不能忽略的。有学者甚至认为：没有受教育的人必然愚昧，没有职业的人必然穷困，收入过低的人必然犯愁，没有社会保障的人必然不安，看不起病的人必然绝望，社会动荡则人人自

① 转引自本-沙哈尔：《幸福的方法》，汪冰、刘骏杰译，北京：中信出版社，2013 年版，第 23 页。

② 胡政平：《文化自觉与国民幸福》，《兰州大学学报（社会科学版）》2012 年第 6 期，第 97 页。

危。而这一切都是幸福的对立物。[①]这里用了“必然”两字，使得论断绝对化，把“必然”改成“多数”也许更能够客观地表达受教育水平与获得、感知幸福之间的关系。受一定程度的教育，特别是脱离文盲状态是实现和感知幸福的一个重要基础。联合国教科文组织指出，文盲状态对于命运的束缚是巨大的：在世界最贫困的地区，妇女和女孩子都受到一种循环的束缚，那就是有文盲母亲，就有文盲女儿；女儿早早结婚，就又像前辈那样被迫处于贫困和文盲状态，受高出生率和早亡之害。没有基本的文化知识，等同于失去了自觉改变现状的基本途径、失去了提升幸福感的基本手段。这是受教育程度与幸福感的基本关系。

受教育程度与幸福感的深层关系是怎样的呢？有一定的文化知识为基础，对于个人感知幸福和提高幸福感是必需的。那么，能否得出这样的结论：随着主体受教育程度的加深，个人的幸福感就必然不断提升呢？确实有很多人认同这个结论，目前一些实证研究表明：受教育程度与人的主观幸福感呈正相关。有研究认为：受教育程度较高的老年人群负性情感较低，比较幸福[②]；受教育程度高的青年对自己生活的满意度要高于受教育程度低的人[③]。良好的教育有助于人们获得更好的工作、更高的收入，因此对主观幸福感具有积极的影响。

但是，近年来的一些实证研究也表明受教育水平达到一定程度后继续增加受教育程度，幸福感并不会随之增加：在教育水平较低时，增加一年的受教育时间会显著地提升幸福感，但是随着教育水平的提升，额外增加受教育时间反而会降低幸福感。[④]因此，也有一些学者持这样的观点，即认为受教育程度对主观幸福感的影响不大，而且远非正相关关系。主要有两个理由：一是当社会阶层固定化，教育失去向上流动作用时，受教育程度较高者可能受到的打击和挫折更严重，会觉得不幸福。二是即使收入和财富水平没有停滞，受良好教育者也会因为受教育水平高，对工作、生活期望更高，期望得不到满足而幸福感不能持续提升。

---

① 胡政平：《文化自觉与国民幸福》，《兰州大学学报（社会科学版）》2012 年第 6 期，第 97 页。

② 参见刘仁刚、龚耀先：《老年人主观幸福感及其影响因素的研究》，《中国临床心理学杂志》2000 年第 2 期，第 73-78 页。

③ 参见杨雄、程福财：《政府扶助与社会支持——以闸北区为例：上海弱势青少年生存状况》，《青年研究》2002 年第 9 期，第 1-10 页。

④ 刘美秀、王夏华、汪正忠：《教育水平对幸福感指数影响的统计检验》，《统计与决策》2013 年第 24 期，第 7 页。

当前，有许多受到良好教育的人获得收入较满意的工作，改善了生活水平，提升了幸福感。但是，也有一些受较高水平教育的人因无法找到工作或者无法找到收入满意的工作，而影响了幸福感的提升。此外，也存在受教育程度的地区差异、家庭差异，导致许多人无法通过受良好教育提升幸福感。

第三节　文化发展视域下提升民众幸福感的路径*

前文我们界定了观照幸福的文化视角，从文化角度探讨了什么是幸福，指出了文化影响幸福的根本在于文化价值观，文化价值观不同决定了从文化角度定位的幸福的含义不同。在前文基础上，此处探讨如何通过文化发展更好地提升文化幸福感。

幸福生活不是单纯追求享乐，单纯追求享乐只会让人盲目沉沦；幸福生活也不是为了奔波劳碌而奔波劳碌。幸福生活既重视结果，同样也重视过程。幸福生活的获取需要文化发展的支撑和保障。

一、文化发展的人本维度——支撑民众幸福感的底蕴和根基

文化幸福的核心是精神需要得到很好满足，可以简称为精神幸福，就是追求实现有价值、有意义的人生。具体地说，精神幸福也包括多个方面：从个人内在方面说，包括精神愉悦、充实和自信；从个人与社会的关系说，包括人通过自己的技能和学识等对社会有贡献并且获得尊重；等等。人是会思想的动物，人的生活是有反思的生活。古人说“吾日三省吾身”；古希腊哲学家苏格拉底更是直接地说：没有反思的生活是不值得过的生活。反思生活、过有意义的人生是通过

* 丁春华：《文化发展与民众幸福之间关系的几点思考》，《湖北经济学院学报》2014 年第 6 期，第 97-102 页。

文化实现的。各民族的文化都是人对其周围力量施加影响的方式。[①]“人对其周围力量施加影响的方式”也有合理与不合理的区分，只有那些合乎规律同时满足人们基本生活需要的方式才能成为提升幸福感的源泉。

精神幸福需要持续发展、不断丰富的文化支撑。能够支撑精神幸福的文化的价值取向必须是“以人为本”的。但是，“以人为本”本身也是个含义丰富的概念：“谁”以人为本？这是以人为本的主体问题。从中央到地方各级政府是主要主体，但是不限于此。社会各个部门、行业、领域，甚至每一个社会公民也都是以人为本的主体，都应该坚持和落实“以人为本”的价值取向，这样，“以人为本”才可能真正落于实处。解决了“以人为本”的主体问题，还有以“谁”为本的客体问题。以不同阶层、不同地区、不同行业的人为本，思考和解决问题的视角、重点和方式方法都会有很大不同。此外，还有一个问题也很重要，就是“以人为本”应该以人的哪些需要为本？不丹的经验是：如果国家发展是以人为本，那么就应该照顾到人的完整需求，亦即兼顾身体和心灵，而且后者（心灵）甚至可能需要受到更多的关注。[②]所以，文化发展“以人为本”关键在于如何认识和看待“人”。当我们把人定位为“经济动物”时，社会的文化底蕴被定位于利益文化，这种对文化定位的偏差是社会危机的深层根源。当然，文化幸福并不只包括精神幸福，文化幸福不是追求乌托邦，它以基本生活需要得到满足为基础，在这个基础上追求价值、意义等精神层面的满足。文化幸福与经济幸福相比，更加注重人们的精神层面而不是物质层面需要的满足，但是，物质层面的满足并没有被抛弃，只是作为追求幸福的基础而存在。

那么，人之为人的人本维度是怎样的呢？首先，这个人应该是“现实的人”。按照马克思的人学思想，“现实的人”是指生活在具体的历史时期、生活在具体的生产力水平中受当时历史条件制约的人，这些人不但生活在具体的自然、物质环境中，而且有与客观环境相应的主观思想。其次，这个人应该是“总体的人”，不是“单向度的人”。按照马尔库塞的观点，“单向度的人”是思想只有一个方向，即简单地认同技术理性统治、不对任何事情加以批判地认识的人。按照

---

① 皮尔森：《文化战略》，刘利圭、蒋国田、李维善译，北京：中国社会科学出版社，1992年版，第17页。

② 廷莱：《幸福是什么》，陈俊铭译，北京：外文出版社，2013年版，第16页。

马克思的观点，这种人就是异化了的人。每个人都是独立的个体，具有特殊性。同时，每个人又都是有着丰富内在的人，是身心有机统一体。对待一个人要把他作为一个整体看待：身心统一的整体、思想连续发展和丰富复杂的整体，即“社会的自为的主体存在”。这意味着：第一，人是一个总体，要兼顾人的各种需要，不能忽略人内在的丰富性，不要孤立、片面地强调人性中的某个或某几个成分，否则无法全面提升人的幸福感。第二，幸福不是外在强加给人的，也不是谁能赋予个人的，需要每个人自主、自觉、自为地去创造。即是说，这个“总体的人”是幸福的主体。第三，幸福也是个人丰富自我的过程。第四，支撑幸福的文化发展不仅仅要关注人们的物质层面，更要关注人格的健全、心理的健康。

用文化支撑幸福，是我们改革开放 40 多年经验总结的结果，也是我们今天举国上下正在追求的目标。近年来，我国非常注重社会主义核心价值观的建设，党的十八大具体提出了 24 字的社会主义核心价值观，这 24 字价值观包括三个层面的价值引导：第一个层面是国家层面，倡导“富强、民主、文明、和谐”；第二个层面是社会层面，倡导“自由、平等、公正、法治”；第三个层面是公民层面，倡导“爱国、敬业、诚信、友善”。这三个层面可以说是当前主流文化对“人本维度”的界定。

二、文化发展的公平维度——提升民众幸福感的社会保障

我们今天要建设、追求幸福生活，要解决文化层面上的民生问题。[①]文化也是民生，这是近些年来我们对文化发展对于国家发展和人民幸福感提升的作用不断深入认识的结果：从改革开放初期的文化“服务于经济建设中心”，到后来“促进文化产业快速发展，把文化产业作为新的经济增长点”，再到“推动文化产业成为国民经济支柱性产业”，文化与民生逐渐有机地融合为一体。作为民生的内容，文化发展不再是社会发展的点缀，而是社会发展必不可少的部分。我们讲幸福生活，如果还是比有多少钱、多少车，住哪个小区，是不够的。[②]一方面，

① 蒲荔子：《没有文化支撑的生活不是幸福生活》，《南方日报》2011 年 4 月 3 日第 011 版。
② 蒲荔子：《没有文化支撑的生活不是幸福生活》，《南方日报》2011 年 4 月 3 日第 011 版。

我们要看到我们已经处于一个界定幸福生活的标准离不开文化的历史时期了；另一方面，我们也要看到，文化发展本身存在的不均衡情况正影响着文化对幸福生活的支撑力量。

首先，我国的地区之间、城乡之间、社会各个阶层之间的贫富差距会影响文化公平发展。贫富两极分化直接影响文化发展公平。近年来，国家实行图书馆、美术馆、艺术馆等文化场馆免费的政策，方便更多普通收入的民众在闲暇时走进这些文化场馆，感受艺术魅力、增加文化底蕴、丰富生活内容、提升生活质量。这个措施在社会大众中激起很大的文化效应。①图书馆、美术馆、艺术馆等文化场馆免费无疑会推动文化的传播和发展，问题是，并非每个地方都有图书馆、美术馆、艺术馆等文化场馆，那些没有这些文化设施的地方的民众无法享用这种文化大餐，也就无法通过这个措施提升幸福感。而且，文化发展也不等于文化设施的建设和使用，关键在于文化氛围的形成。

其次，除了贫富差距，教育公平也会影响文化公平发展。教育历来被称为社会的“平衡器”，是社会阶层向上流动的重要途径，如果教育发展不公平，那么，那些无法接受教育、没有接受良好教育的人们，往往会因为文化知识水平低或者学历低被排除在许多社会活动之外，失去通过文化发展提升幸福的机会。教育公平对于改善民生、提升经济贫困的民众的幸福感，作用是至关重要的。“双减”政策已取得实效。

最后，整体文化环境还未实现由传统向现代的转化，这也影响着文化的公平发展。传统文化中的一些糟粕与落后时代的部分，如重男轻女、官本位等，仍然存在并且发挥着影响。传统农业文明的文化精神、现代工业文明的文化精神、文化全球化带来的多元文化、后工业文明的文化精神同时冲撞和挤压着中国民众的精神信仰世界。②工业化还没有整体实现，但是工业文明却已经在被扬弃的途中。传统文化中的一些糟粕与落后时代的观念无法完全根除，这导致文化公平发展问题更加复杂，增加了文化公平发展的难度。

总体上看，新的价值观还在建立之中，还没有完全建立起来，各种文化观念以获利为目标进行博弈，社会出现诚信危机。伴随诚信缺失的是怀疑主义，一种

---

① 蒲荔子：《没有文化支撑的生活不是幸福生活》，《南方日报》2011 年 4 月 3 日第 011 版。
② 陈湘舸、杜敏：《幸福文化及其价值定位》，《甘肃社会科学》2008 年第 6 期，第 61 页。

"我不相信"的情绪已渗入国民生活，怀疑和警惕已经成为许多国民的生活方式，如吃饭不相信食品安全，出行担忧买票难，等等。[①]如果说这些行为中也有文化的支撑，那么这种文化是非人本维度的。这种文化支撑起的是背离幸福的生活、不幸的生活。总之，没有权益公平，就无法实现文化公平发展，就无法通过文化支撑来提升幸福。

三、文化发展现实与理想维度的结合——提升民众幸福感的重要途径

文化发展要直面现实、重视现实，从现实的社会状况出发，针对文化发展中的现实问题去发展和创新。这样，文化发展才能触动现实，切实起到支撑民众的幸福生活的作用。文化发展的现实维度就是文化发展立足于当前的生产力水平和社会具体发展状况。历史唯物主义认为，"社会存在决定社会意识"，简单地说，就是社会的物质方面的发展水平对精神方面的发展具有决定作用。马克思认为，人们的观念、观点和概念，一句话，人们的意识，随着人们的生活条件、人们的社会关系、人们的社会存在的改变而改变。这是从追本溯源的角度和社会总体发展的角度说的。从这个角度看，社会意识是不会也不能超越或者落后社会经济状况太多的，它本身的发展必然受到社会总体状况，特别是生产力状况的限制。因此，马克思很重视文化发挥作用的具体社会环境和实际生产力水平。19 世纪中叶，德国在文化精神上跟随法国的脚步，把法国思想界的最新文献引入德国。马克思评价道：在这种著作从法国搬到德国的时候，法国的生活条件却没有同时搬过去。这就是说，德国虽然在文化精神方面跟上了法国的脚步，但是这种文化远远超越德国的社会状况，这种文化在德国不具备得以落实的社会状况和生产力水平，因此，这种在法国推动社会发展的文化在德国无法起到同样的作用。

当然，历史唯物主义也强调，社会意识一旦产生就会反作用于社会存在，即社会意识一旦产生，就会和社会存在相互交织、相互作用，很难区分此时它们的

① 胡政平：《文化自觉与国民幸福》，《兰州大学学报（社会科学版）》2012 年第 6 期，第 96 页。

作用谁先谁后。如在社会改革过程中，思想启蒙常常起着先导、开路的作用，实际的改革措施及其落实往往在思想启蒙之后。但是，文化对社会发展究竟能够发挥什么样的作用总是要取决于具体的社会状况和生产力水平。文化生根、发芽要有适合的土壤。

我们今天的社会发展需要什么样的文化？我们今天的社会环境适合什么样的文化？这些都是我们当前文化发展必须回答的问题。传统的农业文明、主流的工业文明、新潮的后工业文明共存在当前的时空，本土文化与外来文化相互影响，本土文化又分为地区文化、民族文化等，外来文化又有欧陆文化和英美文化等分类，文化发展问题比较复杂。不过，总体来讲，延续几千年的传统文化仍然是我们文化的重要部分和重要内容。问题是，我们如何实现传统文化的现代化？即哪些内容还有时代意义？这些内容又需要采取哪些方式使得民众更好地接受？当代的文化发展仅仅依靠传统文化的现代化是不够的，至少文化全球化不会给我们慢慢创新传统文化的机会，外来文化的冲击时刻存在。所以，当前文化发展不仅是一件任重道远的事情，而且是一个很急迫的时代课题。仅仅依靠传统文化现代化不能支撑起幸福生活，还需要吸收外来文化，特别是当代比较新的科技文化。这就需要我们整合各种文化资源，形成符合时代、符合民族特色的“文化模式”来塑造个人、规范社会。因为一种文化就如一个人，是一种或多或少一贯的思想和行动的模式。[①]因此，在文化发展的现实维度上，文化本身也有一个博采众长、有机融合成为具有中国特色文化的问题。

文化要直面现实，同时也必须放眼未来，这是文化发展的理想维度。文化发展的理想维度源于对理想的人的定位。人应该向哪个方向前行？马克思主义关于人的发展阶段的观点给我们带来启示。马克思曾经以人的发展状态为标准把社会分为三大形态：社会第一形态是以人与人之间的相互依赖关系为基础；第二形态是以物的依赖性为基础的人的独立性；第三形态是建立在个人全面发展和他们共同的社会生产能力成为他们的社会财富这一基础上的自由个性。[②]最初

① 本尼迪克特：《文化模式》，张燕、傅铿译，杭州：浙江人民出版社，1987年版，第45页。
② 马克思、恩格斯：《马克思恩格斯全集》第46卷（上），中共中央马克思恩格斯列宁斯大林著作编译局译，北京：人民出版社，1979年版，第104页。

人类诞生在地球上时，自然力量大，人的力量小，要活下去，人必须群居，在捕猎和采摘等方面密切合作，这是人类发展的第一个阶段。随着科技发展、生产力水平提高，借助物的力量，人获得了一定程度的独立。总体说来，当代人类社会大约正处于马克思主义人的发展理论的第二个阶段。人类发展前行的方向是共产主义社会人的发展状态——“自由而全面发展的人”。建立在理想的人的基础上的文化就是以“自由而全面发展的人”为本的文化，这就是文化的理想维度。

“自由而全面发展的人”既是自由的又是全面的。什么是自由？从文化的角度讲自由就是人成为人，人成为社会真正的主体。按照历史唯物主义的观点就是摆脱变异的物化，如劳动本是人改造自然、改善生存状况的创造性活动，证实人的能力、肯定劳动者的个人成就与社会成就；可是，在异化状态中，劳动对工人来说是外在的东西，他在自己的劳动中不是肯定自己，而是否定自己。改变这种境况需要正视人之为人的根本在于人本身，在于人怎样看待自己、看待人与人之间的关系、看待人与世界的关系。勒蒙泰说：现在每一个人都在为自己筑起一道藩篱，把自己束缚在里面……这样一来，人是缩小了。“人是缩小了”，不是指人的身体的变化，而是指人的认知领域、精神世界的变化。曾经有这样一句广告语：“心有多大，舞台就有多大。”精神世界广袤，心胸才能宽广，人才能宽容，文化才能兼容并蓄。当然，“全面的人”指的不是每个人都必须什么都懂，而是避免人成为抽象的、片面的“单向度的人”。大家都知道“盲人摸象”这个故事，其就描述了当人局限于自己的狭小的认知时，他是无法形成正确的认识，也无法合理地解决问题的。

提升民众幸福感的关键在于，把文化的现实维度和理想维度统一起来。文化发展的现实维度与理想维度之所以能够统一，在于人的生存和发展就是一个立足现实、通过实践不断创新的过程。人本身就是现实和理想的统一。通过文化实现和提升民众的幸福感，要立足于文化的现实发展，不能好高骛远，不能提出超越社会发展阶段的要求。我们的总体经济水平提高了，但是人均还不高，加之社会保障体系还不健全，成年公民的时间主要用于谋生，缺乏闲暇时光。而通过文化来愉悦精神，需要能够让人放松下来的闲暇时光，以便静下来沉浸在文化的河流中去吸收、去体会、去感悟。所以，文化发展的现实维度保证了文化发展从现实出发，切实实现文化支撑民众幸福的作用。

但是却不能拘泥于现实维度。文化的一个突出特征是超越性，文化所蕴含的精神、思想观念和价值要超越时代。正是在这个意义上，才有：教育要面向现代化，面向世界，面向未来。文化的理想维度就是文化的超越性的具体体现，文化的理想维度既引导着文化的现实发展方向，也指引着文化幸福的方向。文化的理想维度引导文化不断向前发展，文化自身的持续发展满足民众不断产生的新需要，持续提升民众的幸福感。

第七章

生态幸福观及其公正原则建构

幸福问题是哲学史的永恒话题，也是近几十年经济学、社会学、心理学等学科研究的热点问题。哲学探讨幸福的本质，经济学探讨如何实现国民幸福，社会学探讨影响幸福的各种社会因素，心理学探讨什么是幸福感以及如何提高人的幸福感。尽管不同学科都对幸福问题作了深入的探究，然而迄今，人们对幸福依然众说纷纭，诚如康德所言：幸福的概念是一个如此不确定的概念，以至于尽管每一个人都想得到幸福，但他从来不能确定地并且自身一致地说出，什么才是他真正希望的和愿意的。[①]幸福观作为一种价值观，在不同时代具有不同的内涵。现时代的一个基本事实是人类遭遇生态困境，这一事实将对人们的宇宙观、价值观产生深远的影响。这一事实也意味着人们对幸福的追求遇到了困境，必须重新思考“幸福何以可能、何为幸福以及如何实现幸福”的问题。本章在对工业文明时代幸福观反思的基础上，从生态视角对幸福问题予以进一步探讨。

第一节　生态困境与幸福省思*

幸福是每个人都十分向往和期待的生活状态和人生目标。大多数人的所作所为，以及对逆境的忍受，背后秘而不宣的动机其实都是为了获取幸福、保有幸

---

① 康德：《道德形而上学奠基》，杨云飞译，北京：人民出版社，2013 年版，第 47-48 页。

* 徐朝旭：《生态幸福视域下的发展理念创新》，《东南学术》2016 年第 6 期，第 17-24 页。

福、找回幸福。[①]幸福不仅是社会个体生活的目标和动力，也是人类文明发展的原动力，人类文明发展归根到底是为了增进人类的福祉。尽管人们都在向往幸福、追求幸福，但对于“何为幸福”却不时陷入迷茫，在追求幸福的道路上也常常遭遇各种困境。生态危机是当今人类遭遇的幸福困境。美国生物学家卡逊（Carson）曾指出，环境问题如果不解决，人类将会生活在“幸福的坟墓”之中。而造成幸福困境的原因，恰恰是异化的幸福观以及相应的经济增长模式。因此，人类要破解幸福难题，必须对这一幸福观进行反思。

一、物质主义幸福观与幸福困境

随着工业文明时代的来临，人们的主流幸福观发生了很大的变化，由神本主义转向人本主义、由追求来世幸福向注重尘世幸福转变。在欲望与道德的关系问题上，人们不再将二者看成是绝对对立的两个方面，近代思想家从哲学、经济学的角度为“欲望的追求与满足”正名。霍布斯、洛克的伦理学说和英国的功利主义将趋乐避苦看成是人的本性和道德规范的终极依据，快乐是人生的目的，因而也是行为善恶的标准。霍布斯认为，人所欲求的对象就是善，人所憎恶的东西就是恶，人们对于幸福的追求是无止境的。孟德维尔（Mandeville）提出人对私利的追求能够增进社会公利，从而把利当成义。注重私利追求与满足的物质主义幸福观到了现代社会发展到极致，对物质的占有与消费被看成是幸福的标志，追求不断膨胀的物质欲望的满足成为社会个体的人生目标和社会发展的动力。物质主义幸福观与资本主义的生产方式有着内在联系。在资本主义社会中，增进国民幸福的途径是财富的增加，财富的增加以 GDP 增长的形式出现，GDP 增长有赖于资本的积累与扩张，资本的积累与扩张的动力在于企业追逐利润，而企业利润的实现又依赖于商品的流通，因此消费成为资本运行不可或缺的环节，只有不断提高消费者的需求，才能确保资本的不断积累与扩张。[②]马克思、恩格斯说：资产阶级在它的不到一百年的阶级统治中所创造的生产力，比过去

---

① James W. The Varieties of Religious Experience: a Study in Human Nature. New York: Routledge, 2002:66.

② 徐朝旭：《生态幸福视域下的发展理念创新》，《东南学术》2016 年第 6 期，第 17 页。

一切世代创造的全部生产力还要多，还要大。（《共产党宣言》）与此同时，资本主义也促使人的需要相比以往时代成百倍地增长。资本逻辑的运行导致目的与手段的关系全面异化，手段成为目的，而目的则被遮蔽。资本的扩张刺激了人们的占有欲望，财富的增长仿佛不是实现幸福的手段，而是幸福的目的和标志。物质主义幸福观在资本运行的机制中产生，反过来又成为支撑资本运行的价值观。

由此可见，物质主义幸福观的形成是由资本主义的经济结构所决定的。它具有以下三个方面的特征，了解这些特征有助于我们认识它与当代生态危机的内在关联性。

（一）物质主义

工业文明时代形成了一种对物质有高度兴趣、强调物质拥有的文化传统。人们相信财物可以给人们带来快乐，物质财富的占有和消费程度成为衡量人们存在价值和社会地位的根本尺度。在工业文化中，人的需要产生了异化。马尔库塞将人的需要区分为“真实的需要”和“虚假的需要”两种类型。“虚假的需要”是指：为了特定的社会利益而从外部强加在个人身上的那些需要，使艰辛、侵略、痛苦和非正义永恒化的需要。[①]马尔库塞指出：现行的大多数需要，诸如娱乐、按广告宣传来处世和消费、爱人之所爱和恨人之所恨，都属虚假的需要这一范畴。[②]“真实的需要”是与“虚假的需要”相对应的概念，它是出自人的真正自由而非被灌输和操纵的需要，例如，人的衣食住行的基本需要。马尔库塞认为，“真实的需要”在不同的历史阶段具有不同的内容，但是，根本需要的普遍满足和辛劳、贫困的逐渐减轻应是普遍有效的标准。在消费被异化的情况下，人与商品的真实关系被遮蔽，商品的功用性似乎成为次要的属性，人们更注重附加在商品上的文化属性，对一些商品的消费成为地位的象征，占有和炫耀成为一种需求。这样，消费从附属于人的事实中分离出来，并且作为一种异己的力量凌驾于人之上，统治着人。人被改变成了消费者，改变成了其愿望是消费更多、

① 马尔库塞：《单向度的人——发达工业社会意识形态研究》，刘继译，上海：上海译文出版社，2008 年版。

② 马尔库塞：《单向度的人——发达工业社会意识形态研究》，刘继译，上海：上海译文出版社，2008 年版。

更好产品的永远无知的孩子。[①]

（二）经济主义

物质主义幸福观将经济增长与幸福的实现画等号。在经济主义文化中，人们秉持经济增长能够给人类带来幸福的信念，将经济因素当成实现幸福的决定性因素，甚至是唯一的因素。经济利益成为个人行为的动因和社会发展的动力，不同的社会主体——国家、企业、个人，无一不受经济利益的驱使。国家以GDP的增长作为社会发展的首要目标；企业以利润的最大化作为经营的主要目标；个人以经济成功与拥有更多的金钱作为实现幸福的基本途径。生态学马克思主义者高兹（Gorz）对物质主义幸福观的经济主义实质和危害性做了深刻的批判，他认为资本主义社会所奉行的理性是以利润最大化为生产动机的理性，他把这种理性称为“经济理性”。经济理性突破了前资本主义社会“够了就行”的原则，崇尚“越多越好”的原则，挣钱的多少和财富的多寡，成为衡量一个人的工作成效与成功与否的尺度。在经济理性占主导地位的社会中，人与人的关系异化为金钱交易的关系。

（三）技术主义

物质主义幸福观的技术主义表现在工业主义文化中，人们极端崇拜技术，把技术的作用完全理想化，忽略了技术双刃剑的属性，认为技术是人类征服自然和主宰自然的决定性力量，盲目相信技术的发展可以使财富不断涌流，进而不断地增进人类的幸福。在工业文明时代的经济结构和政治结构中，技术发展受物质主义幸福观驱动，技术成为经济扩张、聚敛财富和满足物欲的手段。

物质主义幸福观盲目相信科技力量，认为科技的发展可以解决资本主义社会的结构性矛盾，缓和人的需求与资源供给的紧张关系。然而，历史的发展证明，技术主义的神话已经破灭。在资本逻辑运行的几百年中，大量生产、大量消费和大量废弃，造成了当今的生态危机。工业体系不断产生无法回收的废弃物，

---

① 弗洛姆：《人的呼唤——弗洛姆人道主义文集》，王泽应、刘莉、雷希译，上海：生活·读书·新知三联书店上海分店，1991年版，第84页。

同时对再生资源的不可持续的利用，对不可再生资源进行野蛮开发和利用，导致了环境破坏的日益加重。

当今的环境危机预示着人类的幸福追求会面临困境。资源与能源的耗竭、粮食的短缺和环境的污染使当代人的生存与发展受到挑战，并且也威胁后代人的生存与发展。在人类遭遇幸福困境的背景下，我们有必要重新对幸福的本质进行哲学反思。

二、生态视域中的幸福省思

生态幸福观就是在当今自然环境的破坏日益加剧并且已经危及人类生存与发展的背景下，对工业文明时代幸福观进行反思，并从生态视域对“幸福何以可能、何为幸福以及如何实现幸福”进行重新审视的理论体系。

（一）幸福何以可能

大自然是一个进化的生态系统，人类只是一个后来的加入者。[①]人类在地球上构建了一个与生态系统迥异的文化系统，但是，生态系统是文化的“底基”[②]，无论人类文化系统如何发展，人类始终是自然生态系统中的栖息者，其生存与发展始终依赖自然生态系统。然而在工业文明时代，人们忘了自己作为大地栖息者的身份，“环境保护”被排除在资本运行逻辑的视野之外，自然界似乎是取之不尽的材料库和巨大的垃圾场，人类文化系统与生态系统之间仿佛是一种征服与被征服的对立关系。随着资本主义的不断扩张，大自然的生命支撑系统产生了很大的改变，它不仅极大地压缩了地球上其他物种的生存空间，而且危及了人类自身的生存和发展。卡逊在《寂静的春天》中，为工业文化的反生态性敲响了一个警钟。该书描绘了一个虚拟小镇的恶劣生态环境：神秘莫测的疾病袭击了成群的小鸡，牛羊病倒和死亡。到处是死神的幽灵，农夫们述说着他们家庭的多病，城里的医生也愈来愈为他们病人中出现的新病感到困惑莫解。成人、孩

---

① 罗尔斯顿：《环境伦理学》，杨通进译，北京：中国社会科学出版社，2000年版，第454页。
② 罗尔斯顿：《环境伦理学》，杨通进译，北京：中国社会科学出版社，2000年版，第454页。

子中出现了一些突然的、不可解释的死亡现象，这些孩子在玩耍时突然倒下了，并在几小时内死去。[①]卡逊在充分有力的论证基础上，以文学的笔触向世人展示了DDT的滥用，导致了“浮游生物—鱼类—鸟类—人类”生物链的严重破坏，从而使人的食物资源，乃至人类自身的健康遭受严重威胁的情景。卡逊指出，“控制自然”实为愚蠢的观点，是生物学和哲学尚处于幼稚阶段的产物。如果说《寂静的春天》向世人警示了环境污染对人类健康与幸福造成的威胁，那么，《增长的极限》则在西方世界还沉醉在“高增长、高消费”的黄金时代，以人类社会经济增长极限的预言向世人敲响了另一个警钟。《增长的极限》的作者用系统动力学的方法探讨了人口、资本、粮食、不可再生资源、污染之间的相互关系及其与经济增长的关联性，认为如果按现在的趋势发展下去，地球的极限将在一百年后出现，到那时人口和工业生产力都会出现不可控制的衰退。该书从资源的视角探讨了人类福祉对于自然环境的依赖性，将经济增长与生态的稳定平衡联系起来，从而告诉我们：由于环境状况的日益恶化，经济增长越来越难以为继，人类的生存与发展将面临威胁。现实的环境危机使人们重新认识人类“栖息者”的身份。康芒纳说：在生物学上，人类是环境体系中的一部分，即其整体的附属部分。[②]环境伦理学家罗尔斯顿（Rolston）说：无论从生物学的还是物质需要的角度看，没有一个充满资源的世界，没有生态系统，就不可能有人的生命。[③]佩西（Peccei）说：人类的命运从来没有像现在这样取决于人对地球上生命的态度。[④]人作为生态系统的一个组成部分，只有从自然征服者的角色回归到自然栖息者的角色，才能在与自然和谐共生中实现永恒的幸福。自然生态系统的平衡、稳定与完整是人类幸福生活的前提条件。[⑤]

（二）何为幸福

人不仅在自然中定位自己，也在与自然的关系中塑造和完善自己。罗尔斯

① 卡逊：《寂静的春天》，吕瑞兰、李长生译，长春：吉林人民出版社，1997年版，第2页。
② 康芒纳：《封闭的循环——自然、人和技术》，侯文蕙译，长春：吉林人民出版社，1997年版，第10页。
③ 罗尔斯顿：《环境伦理学》，杨通进译，北京：中国社会科学出版社，2000年版，第454页。
④ Peccei A. The Human Quality. New York: Pergamon Press, 1977:16.
⑤ 罗尔斯顿：《环境伦理学》，杨通进译，北京：中国社会科学出版社，2000年版，第5页。

顿指出：我们要把自然哲学和生存哲学结合起来……我是谁？身在何处？我必须做什么？我们希望把个人放在其生活环境中来加以理解。[①]“幸福是什么”，作为人生的一个终极性问题，应当从生态视角加以审视。哲学史上各种幸福论由于缺乏生态维度，存在着一定的局限性，无法解决当今时代的幸福难题。例如，不少伦理学家都坚持德福一致的观点，主张用道德来约束人们追求快乐的行为，但是，传统伦理学将人与自然的关系排除在道德调控范围之外，这就无法适应现时代的要求。又如，许多伦理学家主张用理性来规范和引导人们的幸福追求，这种观点也存在局限性。在工业文明时代，人们对物质欲望的追求与满足的活动正是在经济理性指导下进行的。可见，理性如果缺乏生态维度，那么它必定是不完整的。

生态幸福视域下的幸福是一种注重生活质量的生活方式。奈斯（Naess）指出：我们对当今社会能否满足诸如爱、安全和接近自然的权利这样一些人类的基本需求提出疑问，在提出这种疑问的时候，也就对我们社会的基本职能质疑。物质生活标准应该降低，而生活质量，在满足人深层的精神方面，应该保持或增加。那么，什么是注重生活质量的生活方式？穆勒对这个问题早就有明确的阐述。他认为，人的快乐不仅有量的差别，还有质的不同。人具有两种不同质的快乐：一种是与动物毫无二致的肉体感官满足，另一种是人所特有的高质量的快乐。穆勒认为，后者比前者更具有“质的优越性”，因为它与人作为一种高级的生命形式是相关联的，人因为具有品性、智慧等精神特质而拥有独立性和自由权利。穆勒把这些特质称为“尊严”，指出：尊严，人皆有之，在尊严意识强烈的人身上，尊严代表了他们幸福最根本的一部分……宁可做一个不满足的人，也不做一头满足的猪；宁愿成为不满足的苏格拉底，也不愿成为一个满足的白痴。[②]显然，穆勒推崇一种以人的精神生活为根本特征、与动物的生存状态具有本质区别的生活方式。穆勒的这一思想为后世的环境哲学家所继承和发展。大多数的环境哲学家都主张降低人的物质生活追求，以提高人的生活质量。

我们提倡更加注重生活质量的生活方式，其根本原因在于，它是与生态环境相适应的。工业社会恶性膨胀的物质需求与日益枯竭的物质资源供给之间存

---

① 罗尔斯顿：《环境伦理学》，杨通进译，北京：中国社会科学出版社，2000 年版，第 448 页。
② 穆勒：《功利主义》，叶建新译，北京：九州出版社，2007 年版。

在越来越大的矛盾。为了适应即将来临的资源稀缺时代，我们必须树立利用物质资源的新型道德观，并据此调整我们的生活方式。[①]

注重生活质量的生活方式，将使生活更加节俭，这是否意味着人们的幸福会大打折扣？人类为了适应生态环境而对自身物质需求进行克制和调整，是人作为理性动物的幸福诉求的应有之义。正如斯宾诺莎所言：并不因为我们克制情欲，我们才享有幸福，反之，乃是因为我们享有幸福，所以我们能够克制情欲。[②]在此，节俭的生活方式不是要人们走向宗教禁欲主义，而是要从工业文明时代由广告操纵的虚假需求的满足，回归到人的基本需要和全面发展的需要的满足的轨道上来。这样的需要的满足是以个人身心健康和人类生存与发展为前提的，因而也是人类幸福的保障。实证研究证明，影响人的幸福感的因素是复杂、多维度的，如果仅仅囿于物质贪欲的满足，忽略或降低其他因素的作用，将使人格扭曲，人的生存状态变差。我们超越异化的物质需求，可以更好地充实精神文化的生活。现代心理学告诉我们，人的潜能的实现、人格、社会关系等都是影响人的幸福感的重要因素。因此，我们提倡注重生活质量的生活方式，不仅不会使人的幸福大打折扣，还会使人的幸福提升到一个全新的境界。从人类整体的角度看，这意味着人类的需求要从工业文明时代注重物质的占有和消费转向精神和文化生活领域。史怀泽（Schweitzer）为工业文明时代人们在精神满足方面的迷失深感忧虑，他指出，我们文化的灾难在于：它的物质发展过分地超过了它的精神发展。它们之间的平衡被破坏了。[③]由于人的知识和能力以前所未有的规模扩展和提高，极大地改善了人们的生活条件，人们产生了观念的误区，似乎精神文化无足轻重。史怀泽向世人发出警示：只在物质方面，而不同时也以相应程度在精神方面发展的文化，就像一艘加速航行而航机受损的轮船，已经失去控制并走向灾难。[④]史怀泽倡导一种新型的伦理文化，认为只有按照这种文化行动，人们才能以更高的生活方式生存在人世间，才能得到真正的快乐与幸福。

---

① 米萨诺维克、帕斯托尔：《人类处在转折点》，刘长毅、李永平、孙晓光译，北京：中国和平出版社，1987 年版，第 135 页。

② 斯宾诺莎：《伦理学》，贺麟译，北京：商务印书馆，1983 年版，第 266 页。

③ 史怀泽：《敬畏生命》，陈泽环译，上海：上海社会科学院出版社，1992 年版，第 44 页。

④ 史怀泽：《敬畏生命》，陈泽环译，上海：上海社会科学院出版社，1992 年版，第 44 页。

生态幸福观不仅提倡回归注重生活质量的生活方式，而且将亲近自然、与自然和谐相处看成是幸福生活的样式。人是地球生态系统的一个组成部分，人的物质生活与精神生活无不与生态系统息息相关。社会个体的情感、人格，乃至人类的宗教、哲学、科学等精神文化都是在人与自然、人与人的交互作用中形成的。一个稳定、和谐和繁荣的生态系统不仅是人们物质生活的根本保证，而且是人们精神生活的家园。梭罗指出：人需要一个家，一个温暖和舒适的地方，首先是身体的温暖，然后是爱的温暖。[①]梭罗的《瓦尔登湖》是一部描绘亲近自然的生活的杰作，反映了工业文明时代人们渴望回归自然的心声。梭罗在瓦尔登湖畔两年多的生活中，沉浸在亲近自然的快乐之中。他写道：每一个清晨都是一份快乐的邀请，要我过和大自然一样简朴的，也可以说同样纯洁的生活。[②]他时常感到与大自然完全融为一体，仿佛自己本来就是大自然美丽图景的一个组成部分。在天人合一的境界中，梭罗陶醉在说不尽的愉悦之中，感到他创造了一种高贵的生活，这种生活在工业文明时代显得尤为珍贵。

如果说《瓦尔登湖》喻示着大自然生态系统的稳定、和谐和繁荣对于增进人的幸福感是何等重要，那么，与梭罗同一时代的穆勒则从反面告诉我们，大自然生态系统一旦失去生机勃勃的景象，将会对人类情感带来多大的伤害。在《政治经济学原理》一书中，穆勒指出：一想到世界将丧失其生机盎然的景象，变得一片光秃……想到这样的世界，就叫人不舒服。卡逊的《寂静的春天》以春天里寂静的虚拟小镇再次震撼人们的心灵。可见，大自然生态系统的稳定、和谐与繁荣不仅孕育了这一有机系统中的最高级的生命形式——人本身，而且这一景象已经以一种集体无意识的记忆方式积淀在人类精神世界的深层结构中，成为人类情感不可或缺的图景。现代心理学指出：人类与自然界之间除了物理和化学联系外，人的心灵与之还有一种强烈的情感联结。生态心理学家认为这种情感联结是人类固有的天性，是进化的遗产，他们称之为生态潜意识。[③]因此，生态失衡不仅会危及人类的生存与发展，而且会因为抑制人的生态潜意识而影响人的心理健康。资本主义在经济理性的驱动下，借助于科技力量对自然界进行掠夺

① 梭罗：《瓦尔登湖》，王家湘译，北京：北京十月文艺出版社，2009 年版，第 27 页。
② 梭罗：《瓦尔登湖》，王家湘译，北京：北京十月文艺出版社，2009 年版，第 88-89 页。
③ 刘婷、陈红兵：《生态心理学研究述评》，《东北大学学报（社会科学版）》2002 年第 2 期，第 83-85 页。

式的开发，造成人与自然界的疏离，压抑了人类固有的天性。因此，只有建设美好环境，形成和谐的人与自然的关系，才能改变人的生态潜意识被压抑的状态，促进人的精神健康和心智健全。

（三）如何实现幸福

关于如何实现幸福，哲学家建议要树立正确的人生观、幸福观；心理学家建议要改善各种能够提升幸福感的因素；社会学家建议要使人们快乐工作，并且具有美满的婚姻。这些建议对于增进社会个体的幸福，都是很重要的。这里，我们主要探讨国民幸福的实现问题。国民幸福的实现与一个国家的经济发展模式具有千丝万缕的关系。经济发展是实现国民幸福的方式。任何经济发展模式背后都隐含着一种幸福观。自从罗马俱乐部的《增长的极限》出炉后，世界各国开始关注发展理念和模式的创新问题。人们对新型发展模式的探索一直是与对幸福的反思联系在一起的。我们从生态视角审视幸福与发展的关系，本质上就是要解决"何为幸福以及如何实现幸福"的问题。因此，发展理念的创新，不仅是发展观的转变，而且是幸福观的转变。罗马俱乐部创始人佩西主张用发展的概念取代增长的概念，并认为合理满足人类在渴望舒适安全、追求信仰、自我完善……和通常称为生活质量的东西等方面的要求都是发展的应有之义。[①]可见，罗马俱乐部的"发展"概念已经内在地包含了一种新型的幸福观。

在工业文明时代，人们将国民幸福的实现归结于经济增长，进而将 GDP 的增长当作政府工作的核心目标。事实证明，这种经济增长模式在增进人类幸福方面存在着局限性，并且不利于环境保护。伊斯特林提出：通常在一个国家内，富人报告的平均幸福和快乐水平高于穷人，但如果进行跨国比较，穷国的幸福水平与富国几乎一样高。[②]这使传统经济学的观点遭到挑战。罗马俱乐部发表的《关于财富和福利的对话》指出，传统的经济增长概念不能等于提供财富和福利的概念，现时代，不少的情况是经济增长并没有带来财富和福利的真正增长，有时候反而产生负面的效应。因此，越来越多的学者意识到，未来的发展模式应该走出"手段异化为目的"的陷阱，摈弃为发展而

① 佩西：《人类的素质》，薛荣久译，北京：中国展望出版社，1988 年版，第 181-182 页。
② 高春花：《当代西方社会思潮述评》，北京：人民日报出版社，2013 年版，第 172 页。

发展的思路，真正将幸福当成经济发展的终极价值目标。如佩西所言：我们必须赶快从需要适应发展的概念转到以人为基础发展的概念之上。①

如前所述，生态幸福观倡导注重人的生活质量的生活方式，这种生活方式以人的精神文化生活作为区别动物生存状态的本质特征。在生态幸福观视域下，影响人的幸福感的因素是多维度的，既有物质的，又有精神的；既有经济的，又有非经济的。因此，生态幸福观视域下的新发展理念和发展模式应当统筹兼顾、配套推进各种影响人民幸福指数的因素的建设，真正使经济、社会的运行沿着增进人民福祉的轨道发展。在协调发展中，我们还要解决经济发展与道德进步的不平衡的问题。市场主体的经济行为必须受到道德规约，这是市场经济作为一种契约经济的内在要求。市场经济与信息社会的结合，使得道德的作用更为凸显。信誉成为企业与个人最宝贵的财富和核心竞争力，自觉用道德来规约自身的行为，是使道德资本增值的根本途径。生态幸福观视域下的发展理念和发展模式，并非要否定经济发展的基础性作用，而是要从整体性的观点看待经济，使经济更加健康地发展。施蒂格利茨（Stiglitz）认为，要评估一国人口的生活质量，需要至少 7 类指标：健康、教育、环境、就业、物质生活条件、人际关系以及政治参与情况。②

生态幸福观视域下的发展理念和发展模式倡导绿色发展的道路。人类是地球生态系统的一个组成部分，人类只能在生态系统的循环中求得生存与发展。新的发展理念和发展模式应当建立在这一生态学宇宙观的基础上。我们要将环境保护看成是经济发展进程中的一个有机组成部分。我们不是在经济发展之外而是在经济发展之中建设资源节约型、环境友好型的社会。人与自然和谐共生是新发展模式的基本价值取向，我们的每一项经济决策和技术创新都应考虑是否有利于资源的高效利用和环境的清洁。根据博尔丁（Boulding）的宇宙飞船经济理论，地球是一艘在茫茫太空中飞行的宇宙飞船，这艘宇宙飞船上可供使用的东西非常有限，因此人们必须非常珍惜船上的有限资源，对资源的索取和废物的排放，都要纳入到循环的生态系统中。博尔丁的经济思想在资源与环境的

---

① 佩西：《人类的素质》，薛荣久译，北京：中国展望出版社，1988 年版，第 162 页。

② 沈颢、尤拉：《国民幸福——一个国家发展的指标体系》，北京：北京大学出版社，2011 年版，第 12-13 页。

国际经济研究中产生了很大的影响。以资源循环利用、避免废物产生为特征的循环经济战略已经成为环境与发展领域的一个主流思潮。党中央提出的五大发展理念将“创新”视为引领发展的第一动力。“创新”包括资源节约型、环境友好型生产力和生产关系体系的建设。随着人们生态意识的日益觉醒，人们的生态需要已经成为经济发展的一个新的增长点。生态需要驱动的科技创新和经济结构调整的目标是要改变工业文明时代与地球生态圈逆向发展的技术体系和经济结构，建立与之并行不悖的技术体系和经济结构。我们要将管理环境系统当成是发展的重要内容。发展作为幸福的实现方式，包括了各种影响幸福指数要素的建设。生态系统与人类福祉息息相关，对于人的幸福感的影响是多方面的。习近平总书记指出，绿水青山就是金山银山。这里的“金山银山”不能仅仅从资源的角度来理解，它还包括了大自然生态系统影响人的幸福生活的一切因素。罗尔斯顿归纳了大自然所承载的多种价值，从而揭示出大自然影响人的幸福生活的多重功能。大自然影响人类幸福感至少有四个方面。一是大自然的生命支撑价值。人的生存依赖于大自然的空气、水流、阳光、生物、土壤等物质及其整个生态系统。因此，整个地球生态系统的状况与人的生存状态密切关联。罗尔斯顿指出：对人们的生活质量来说，环境质量是一个必要条件，人的生活（尽管充斥着人工制品）仍然依赖于自然生态系统；这个系统中的资源——土壤、空气、水、光合作用、气候——对人来说生死攸关。[①]生态安全问题及人们对它的主观感受又直接影响着人们的幸福感。因此，生态安全日益成为人们的基本生活需要，满足人们这方面的生活需要成为人类幸福生活不可或缺的基本指标。二是大自然的消遣价值。消遣是人们培养生活乐趣与寻觅幸福的重要途径，而大自然则是人们消遣生活的基本场所。罗尔斯顿说：与为了挣钱而从事的劳动形成鲜明对比的闲暇、与为了养家糊口而从事的劳动截然不同的消遣性劳动（爬山、搭帐篷）……所有这些都能够给人们提供其他活动或事物所不能提供的满足。[②]三是大自然的塑造性格的价值。现代心理学证明，健康的人格对于人的幸福感的提升至关重要，而荒野具有陶冶性格、心理治疗的功能。梭罗认为，亲近自然，与自然和谐相处的生活方式，对于人的精神健康与心智健全是

① 罗尔斯顿：《环境伦理学》，杨通进译，北京：中国社会科学出版社，2000年版，第1页。
② 罗尔斯顿：《环境伦理学》，杨通进译，北京：中国社会科学出版社，2000年版，第11页。

不可或缺的。[①]深层生态学家则提出自我实现的思想。所谓自我实现，从知识论的角度来说，就是自我省悟，理解自己是大自然生态系统的一个组成部分。从人格重塑的角度看，指的是回归到大自然生态系统的和谐秩序中，培养健全的人格，建立生态自我。四是大自然的审美价值。人如果能融入生态系统繁荣昌盛的秩序中，会因为审美的观照，而感到无比愉悦和享受。梭罗指出：对美好事物的品位大多是在户外培养起来的，那里没有房子和管家。[②]利奥波德（Leopold）写道：我们没有，至少是不能去吃这些鹌鹑和鹿所吃的东西，但我们却在甜蜜芳香的荒野里分享了它们明显的喜悦。它们喜气洋洋的节日般的情感，成了我们的情感，我们大家全都陶醉在一种共有的富裕之中，彼此都感到非常幸福。[③]总之，地球生态系统对于人的幸福生活的影响是多方面的，新发展模式的一个重要内容就是要管理好环境，维护自然生态系统的稳定与美丽，促进人与自然的和谐相处，增进人类福祉。

第二节　幸福共同体及其公正指向

人类幸福共同体指的是在当今生态危机背景下，地球上人类的命运更加紧密相连，人类个体的幸福越来越与人类整体的福祉联系在一起，人类个体的幸福追求，乃至一个国家的国民幸福的实现，应当自觉地与人类整体福祉的推进相连接，并置于地球上一切生命物质的共同繁荣中。地球的有限性和公共性，决定了人类生存与发展的相互关联性。全球人口剧增与环境破坏，使得全球各个国家和地区之间的相互影响、相互联系更加密切。一个国家和地区的经济水平和消费水平的提高，可能引起世界大宗产品价格的上涨，从而影响其他国家或地区的生活水平；某个国家的自然灾害与粮食歉收，可能引发大量饥民涌入其他国家；世界某个区域的环境污染，不仅损害这个区域人民的健康，还会对其他

① 梭罗：《瓦尔登湖》，王家湘译，北京：北京十月文艺出版社，2009年版。
② 梭罗：《瓦尔登湖》，王家湘译，北京：北京十月文艺出版社，2009年版。
③ 利奥波德：《沙乡年鉴》，侯文蕙译，北京：商务印书馆，2016年版。

区域的人民健康造成不良的影响，甚至导致传染病的跨境流行；某个城市一些人损害环境的行为，可能产生蝴蝶效应，造成世界性的环境危害。世界上各个国家和地区的相互依存性导致了解决全球性问题的复杂性。当今全球出现了粮食安全、资源短缺、气候变化、网络攻击、人口爆炸、环境污染、疾病流行等难于解决的全球性问题，在这些疑难问题内部，要精确地找出单个的问题并提出单个的解决方法，是困难的；每个问题都与其他的问题相互关联；对一个问题提出的每个明显的解决方案都可能激化或干扰其他问题；这些问题或是问题的结合，没有一个能用过去的线性和序列的方法来解决……我们所有人的命运和我们子孙后代的命运最终取决于如何解决整个世界总问题。[①]人类好像是居住在一艘宇宙飞船上休戚与共的居民，一个人的幸福追求与实现，不仅会影响到其他人的幸福权利，而且依赖于其他人的行动。如果每个国家、地区、每个人都不顾一切地追求自身利益的最大化，整个地球生态系统必将上演“公地悲剧”。可见，在生态危机背景下，人们的幸福生活有赖于幸福共同体的良性发展。

人类幸福共同体的形成与发展有赖于新型价值观体系的建立和共同体管理机制的形成。公正原则是人类幸福共同体价值观体系的核心内容，它贯穿于人类幸福共同体建设的三个层面，即社会人际关系、国际关系和物种际关系之中。

一、构建社会共同体的共享原则

幸福共同体的概念已经暗含了“共享”的观念。近几十年来，不少有识之士在探索人类摆脱生态困境的发展道路时，已经将“公正”“共享”看成是新的发展理念、发展模式的基本要义。中国共产党将“共享”看成“五大发展理念”之一，提出应坚持发展为了人民、发展依靠人民，实现发展成果由人民共享的主张。这意味着中国共产党的发展理念又一次得到升华，也体现了中国特色社会主义发展伦理学的基本要义。

人们认识到环境问题与公平正义相关联，源于 20 世纪 80 年代美国环境正义运动。环境正义运动的导火线是美国环境治理中出现的不公正现象。《必由之

① 佩西：《人类的素质》，薛荣久译，北京：中国展望出版社，1988 年版，第 69-86 页。

路：为环境正义而战》首次使用了“环境正义”一词。随着环境正义运动的深入开展，人们开始注意到，美国环境问题并没有真正地解决，而只是向有色人种居住的区域转移，有色人种和弱势群体遭受环境污染的危害与面临的环境风险都比白人和富人更大。虽然环境正义运动发轫于美国，然而环境正义问题却具有普遍性。一些发展中国家民众自发进行环境问题的抗争运动，同样表达了对环境正义的诉求。

环境正义运动的兴起为人们认识环境问题提供了新的视角，也使我们认识到，全球生态困境与危机是人与自然的矛盾和人与人的矛盾交互作用的产物，因此，离开人与人的关系，单纯从调节人与自然关系入手，是无法解决当今的环境问题的。[①]社会不公是当今生态困境的社会根源，对这一问题的解决是走出生态困境的基本前提。近几十年来，自然环境的恶化是与社会不公的凸显同步发展的。环境资源具有公共性和有限性的特征，如果在环境利益和责任分配上没有严格贯彻公平原则，就无法扭转环境不断恶化的趋势。一些企业在自然环境的利用和损害中赚取高额利润，少数地方官员则将环境政策和监管权力变为权力寻租的资源，获取不当利益，两者结盟成为在破坏环境资源中获利的群体，而环境破坏的后果却由社会大众来承担，弱势群体成为环境破坏的最大受害者。从城乡情况看，随着经济发展，财富不断向城市集中，城乡经济水平的差距日益扩大，环境利益不断向城市倾斜，出现了城市污染向农村转移的趋势，农村的环境保护处于极为不利的境地，污染治理投资几乎全部投到工业和城市，而农村饮水、耕地污染、垃圾处理等问题仍未得到有效解决。[②]于是，社会不公与环境问题交织在一起，呈现了这样的局面：先富地区以牺牲整体环境为代价，先富的群体让社会大众为环境恶化埋单。社会不公不仅加剧了环境恶化，而且成为环境治理的瓶颈，使“先发展后治理”的神话破灭。贫富差距方面，少数富有阶层享有和消耗更多的资源，排放更多的污染物，他们的消费不断向高端化方向发展，成为消费稀缺产品的群体，而占人口大多数的社会底层则消费较少的资源，他们中的贫困群体甚至因资源的匮乏面临着生存的压力。同时，富有阶层的消

① 徐朝旭、林丽婷、谢英：《论生态文明建设的价值观基础》，《道德与文明》2014 年第 5 期，第 94-99 页。

② 徐朝旭、林丽婷、谢英：《论生态文明建设的价值观基础》，《道德与文明》2014 年第 5 期，第 94-99 页。

费模式对整个社会起着风向标的作用，它刺激人们物质欲望的恶性膨胀，这样，整个社会的资源供给矛盾日趋尖锐化，使得人与自然之间始终无法摆脱紧张关系的局面。基于环境问题与社会公正的内在联系，我们必须摒弃离开社会关系探寻解决环境问题的思路，真正从社会公正与环境治理内在统一的视角看待问题：一方面，将社会公正贯穿到环境治理过程始终，从推进环境正义的实践中去探寻摆脱生态困境的途径；另一方面，通过环境治理推动代内公平与代际公平的实现。[①]社会公正不仅是走出生态困境的基本前提，而且是调节环境问题中各种利益群体关系的基本规范。环境资源的开发、利用与保护，对于不同群体的利益影响是不同的，甚至是截然相反的，除了公正原则，别无其他道德原则和规范，能够在资源开发、利用和保护中，起到调节受益群体与受害群体、受益地区与受害地区关系的社会功能。只有将社会公正贯穿到制度安排和环境政策的制定过程中，规范各个道德主体的行为，才能在环境保护上形成共识，使不同的利益群体相信他们为环境政策做出的付出和牺牲是值得的，从而自愿维护环境保护秩序。

由此观之，共享发展是人类在脆弱的地球生态环境中追求幸福的必由之路，人类不在平等中前行，就将在不平等中陷入难于自拔的困境。共享发展包括共建和共享两个方面的内容，其根本要求是“人人参与、人人尽力、人人享有”。对每一个社会个体来说，他既是个体意义上的“人”，又是社会共同体的成员，他既有分享共同体发展成果的权利，又有分担推动社会共同体发展的义务。由于增进社会共同体福祉的因素是多维度的，社会个体对共同体的义务也是多方面的，包括物质财富和精神财富的创造、自然环境的保护和改善等。对社会共同体来说，应当使发展的成果惠及全体人民。社会共同体的发展成果包括经济、政治、文化、社会和生态等领域的发展成果。社会共同体应该使每个公民能够分享这些领域的发展成果，社会共同体首先应使全体人民分享发展带来的物质利益，同时还要通过公共服务供给的增加、社会保障制度的完善、教育质量的提高、医疗卫生体制的改革等，使全体人民能够从共同体的发展中得到实惠。此外，我们还要把基于环境正义的制度建

① 徐朝旭、林丽婷、谢英：《论生态文明建设的价值观基础》，《道德与文明》2014 年第 5 期，第 94-99 页。

设，以及解决现实中的环境利益和责任分配不公问题作为生态文明建设的重要内容，通过制度建设形成生态补偿机制，使那些环境资源受益少、环境破坏受害大和在环境保护上权责不对等的地区和阶层真正得到补偿，真正使每一个公民都能在环境改善中受益，确保我们子孙后代的生存发展权。

二、构建国际共同体的共赢原则

我国提出了构建人类命运共同体的外交新理念。这一理念体现了当今中国对世界的总看法，也体现了中国追求建设一个什么样的世界的理念。人类命运共同体的形成与经济全球化和信息网络化有关。随着科学技术的进步、互联网以及各类通信工具的便捷运用，世界各国的交流合作越来越密切，“地球村”正在迅速形成，而经济全球化又使各国的联系比以往任何时候都更加密切。人类命运共同体的形成还与当今地球的生态困境有重要的关系。哈丁（Hardin）发表《公地的悲剧》，设定有个牧场，牧民可以自由放牧。每位牧民都不断增加自己的放牧量，以给自身带来更多的利益，而一旦所有牧民都这样做，牧场的土地将因过度放牧而逐渐退化并最终荒废，也就造成了所谓的“公地悲剧”。[①]哈丁的“公地悲剧”可以看作是当今生态困境演化过程的缩影。正是各种行为主体（包括国家）对地球公共的有限资源的掠夺式开采和废弃物的随意排放，造成了今天的生态困境。随着人类需求与地球有限资源矛盾的日益加剧，各个行为主体各自为战的状态已经难以为继，人类的命运已经紧密相连，人类只有形成一个有机的整体，步调一致，谋求共同发展，恢复人类文明体系与生态系统的平衡，才能走出生态困境，避免世界性的灾难。

合作共赢是构建人类命运共同体的纽带。基欧汉（Keohane）指出：国际机制的产生需要两个条件，一是有关国家在国际特定领域存在共同利益，而且这一共同利益只能通过合作获得；二是只有国家间彼此合作的利益大于不合作时，合作才会产生。[②]显然，基欧汉提到的这两点也是国际合作的基本条件。在生态

① 参见 Hardin G. The tragedy of the commons. Science, 1968, 162（3859）:1243-1248.

② 基欧汉：《局部全球化世界中的自由主义、权力与治理》，门洪华译，北京：北京大学出版社，2004 年版，第 139 页。

危机背景下，世界各个国家和地区合作，构建人类命运共同体，是人类走出困境的唯一出路。同时，世界各国日益形成你中有我、我中有你的利益共同体，面对错综复杂的全球问题和世界危机，任何国家都不可能独善其身，仅凭一国之力无法解决和化解全球问题，合作才能共赢，各自为战注定走向失败。习近平指出，当今各国利益交融、安危与共，处理相互关系必须寻求共赢，维护和做大共同利益。[①]合作共赢体现了我国政府在国际层面提出的公平正义观，每个国家应该在追求本国利益时兼顾他国合理关切，在谋求本国发展中促进各国共同发展，以及在谋求本国安全时也必须让世界安全。

合作共赢的理念贯穿于人类命运共同体的“五位一体”的总体架构中。政治上，我们要努力构建不冲突不对抗、相互尊重、合作共赢的新型关系。在国际事务与决策中，提倡各国普遍参与，平等协商。经济上，提倡各国同舟共济，反对以邻为壑，谋求共同发展，探索世界经济低碳、循环、可持续发展的道路，促进世界经济的绿色转型。安全上，坚持共建共享，建设一个普遍安全的世界。文化上，坚持交流互鉴，建设一个开放包容的世界。人类文明发展史是各种文明交流的历史。在全球生态危机背景下，以西方为主导的根植于工业文明的价值观体系的局限性日益凸显，而人类命运共同体的构建又需要新的价值观体系，需要新的道德共识，这种道德共识只能在各种文明的交流互鉴中形成。因此，不同文明形式的平等交流、相互借鉴，对于人类文明的繁荣进步是不可或缺的。生态上，倡导各国携手前行，共同探寻绿色、低碳、循环、可持续的生产生活方式，建设一个清洁美丽的世界。环境问题的解决更需要全球各国、各地区的合作。环境问题具有跨国性，不是一个国家的力量能够解决的，人类的共同合作对于解决环境问题至关重要。[②]发达国家消费更多的能源和资源，自然环境自工业革命以来遭受全方位的破坏，发达国家对此负有主要责任。而现实中，发达国家不仅没有对环境破坏承担相应的义务，还将污染的企业转移到发展中国家，从而使环境恶化由局部向全局蔓延。由于发达国家自身具有较为雄厚的经济和科技实力，它们所承受的环境污染的损失会比发展中国家少得多。总之，环境破坏与贫

---

① 习近平：《各国携手实现世界和平发展、合作共赢、公平正义》，《人民日报》2012 年 12 月 28 日第 1 版。

② 习近平：《共同构建人类命运共同体——在联合国日内瓦总部的演讲》，《人民日报》2017 年 1 月 20 日第 2 版。

富分化是交互作用、相伴而行的过程。罗马俱乐部的研究报告指出：两条不断扩大的鸿沟居于人类目前的各种危机的中心：人与自然之间的鸿沟和南北之间的鸿沟。[①]坚持合作共赢的理念，实现全球正义是解决全球生态危机的根本保证。我们要努力缩小南北差距，任何国家不分贫富、强弱、种族、文化均应享受健康、安全及可持续发展的环境权利，任何国家都不能破坏或妨碍这种环境权利。人们在享受这些环境权利的同时，也应该承担相应的环境责任和义务。并且，还要坚持代际公正的原则，当代人应顾及未来后代人的利益，负起相应的责任，不能损害后代人生存与发展的权利。

三、构建生物共同体的共荣原则

“共荣”指的是在（物）种际层面实现人与其他生命物质的共同繁荣的局面。人类是自然生态系统的一个成员，人类只能在与其他生命物质共同繁荣中生存与发展。随着人类成为地球生命系统的统治者，生物物种的数量正在迅速地减少，人类自身生存的环境也在不断地恶化。罗马俱乐部的一些成员对此表示深深的忧虑：今天，我们比我们的祖先更清楚地认识到，包括人类自身在内的所有生存在地球上的生物都离不开全球生态系统平衡；如果地球上的生物物种减少过多，地球将不再适合人类生存，如果地球上的生态系统发生哪怕是暂时性的崩溃，对人类的影响也将是灾难性的。[②]因此，地球生态系统的平衡与生物物种的共同繁荣是包括人类在内的一切生命物质生存、延续的不可或缺的条件。然而，仅仅认识到这一点尚未穷尽人与其他生命物质共生共荣的道德理由，事实上生命本身就是值得敬畏和尊重的。史怀泽指出，生命是神圣的，史怀泽从敬畏生命的视角思考幸福，他认为“保存生命”是唯一的幸福。如果人对其他生命的痛苦麻木不仁，也就失去了同享其他生命幸福的能力。由此，他将道德的善归结为：保存生命、促进生命，使可发展的生命实现其最高价值。相反，道德的恶就

① 米萨诺维克、帕斯托尔：《人类处在转折点》，刘长毅、李永平、孙晓光译，北京：中国和平出版社，1987 年版，第 5 页。

② 米萨诺维克、帕斯托尔：《人类处在转折点》，刘长毅、李永平、孙晓光译，北京：中国和平出版社，1987 年版，第 19 页。

是：毁灭生命、伤害生命、压制生命的发展。当人们的行为遵循基本的道德原则时，其个人的精神世界与幸福境界都获得了根本的提升。史怀泽呼吁：人们应当抛弃我们对其他生命的疏远性，与我们周围的生命休戚与共。[①]主张动物解放的伦理学家辛格呼吁人们应当将争取平等的解放运动从人类扩展到动物。辛格用功利主义伦理思想来说明动物的解放。他强调，人的伦理责任在于使总体的痛苦最小化，既然动物与人一样具有感受苦乐的能力，就不应当将动物排除在道德关怀之外，人们应当用平等的道德观对待一切有知觉的动物。有句妇孺皆知的道德箴言是："人不能将自己的快乐建立在别人的痛苦之上"，按照辛格的动物解放理论，人们可以合乎逻辑地推出，人甚至不能将自己的快乐建立在动物的痛苦之上。与辛格的功利主义不同，雷根（Regan）从动物权利论视角论证动物的道德身份。他明确地将"幸福"的边界从人扩展到动物，他认为动物拥有一种伴随着愉快和痛苦感觉的情感生活；拥有偏好和福利；拥有发动行为以实现自己的愿望和目标的能力；拥有一种历时性的心理上的同一性；拥有一种独立的功用性和个体幸福状态。[②]泰勒（Taylor）进一步将幸福边界扩大到整个生物世界。他认为一切生物个体之所以具有不容侵犯的幸福权利，是因为一切生物个体都是一个生命目的论中心。它的外部活动和内部功能都是有目的的，随着时间的推移，不断地努力使自己活下去，并使自己能够成功地发挥生物功能，以此繁殖后代和适应不断变化的环境事件和环境条件。正因为任何生物个体都指向一个目标——实现有机体的生长、发育、繁殖和延续，所以，它们都具有固有价值或生命权利，都是道德主体，人作为道德代理人必须促进或保护道德主体的幸福而不是作出判断的代理人的幸福。[③]雷根与泰勒都从"生命"的视角探讨人以外的自然物的固有价值，认为"幸福"与"生命"具有同质性，因而不是人独有的。一切具有固有价值的存在物都平等地拥有保持"生命活力"的权利，人追求幸福的活动不能无缘无故地危害其他具有固有价值的存在物的生命。他们将生命与幸福相互连接的观点，仿佛是一股吹开迷雾的清风，使我们看到了幸福的本真状态。利奥波德同意将幸福看成是生命个体的发展状态，但他认为生

① 史怀泽：《敬畏生命》，陈泽环译，上海：上海社会科学院出版社，1992年版，第9-23页。

② Regan T. The Case for Animal Rights. Berkeley: University of California Press, 1983.

③ 泰勒：《尊重自然：一种环境伦理学理论》，雷毅、李小重、高山译，北京：首都师范大学出版社，2010年版。

命个体的幸福有赖于生命共同体的和谐、稳定与美丽，生命共同体的福祉高于生命个体的福祉。[①]深层生态学同样认为，非人类生命的繁荣健康与人类一样具有内在价值，独立于它们对人类社会的功用性，人与生物圈的其他生命形式都是平等的。正如深层生态学家德瓦尔（Devall）和塞申斯（Sessions）所指出的：生物圈中的所有事物都拥有生存和繁衍的平等权利，都拥有在较宽广的大我的范围内使自己的个体存在得到展现和自我实现的权利。[②]然而，与环境个体主义不同的是，深层生态学的平等观建立在环境整体主义的基础之上，它是从生态系统的整体性出发来看待人与非人存在物平等问题的，认为这种平等关系建立在它们都是生态整体系统中的成员之上。

生态思想家不仅主张构建人与地球上其他生物种类共同繁荣的生命共同体，而且为如何构建生命共同体提出了许多很有价值的观点。罗马俱乐部主张改变生活方式与经济增长方式，减少人类对生态资源的需求，以缓解人类需求与地球有限承载能力的矛盾，恢复地球生态平衡。环境伦理学家则主张通过人的品性修养与道德规范来建构一种新型的人与自然的关系，如史怀泽认为敬畏生命是人应当具有的一种品质和态度。帕斯莫尔主张人应该在地球上充当好管理者的角色。一些伦理学家认为地球生命共同体应当建立在人与其他生命物质平等关系的基础上。泰勒从尊重自然的基本道德原则出发提出了四条生物平等主义的环境道德规范：不伤害原则、不干涉原则、忠诚原则和补偿正义原则。由于这四条道德规范都是建立在承认非人类生物的固有价值基础上的，这就使人类利益与非人类利益的矛盾显露出来，因此泰勒又提出了公平解决人与非人类生命之间物质利益矛盾的五个原则：自卫原则、均衡原则、最小错误原则、分配正义原则和补偿正义原则。[③]泰勒的环境道德规范体系对于建构新型的人与自然的关系具有启发意义，但也存在环境个体主义的倾向，没有考虑到人对生物物种和生态系统的责任。深层生态学家则从整体主义的视角建构人与其他生物的平等关系。他们提出：人与其他生物个体都是自然整体中相互公平的成员，相互

---

① 利奥波德：《沙乡年鉴》，侯文蕙译，北京：商务印书馆，2016 年版。

② Devall B, Sessions G. Deep Ecology: Living as if Nature Mattered. Salt Lake City: Gibbs M. Smith, 1985.

③ 泰勒：《尊重自然：一种环境伦理学理论》，雷毅、李小重、高山译，北京：首都师范大学出版社，2010 年版。

联系在一起，若无充足理由，人们没有权利毁灭其他生命。他们提出了八条行动纲领以实现生态中心平等主义，其中包含了“人没有权利减少生命形式的丰富性和多样性，除非为了满足人的重要需要”，“通过降低人口数量来维持生命形式的繁荣”等条款。[①]深层生态学家提倡一种能够把人类对其他物种和地球的影响降低到最小范围的生活方式。他们提倡通过自我实现来达到幸福，认为在一个由意识、信仰、希望、自我倾向构成的自我背后还有另一个自我，即与自然相联系的自我，来区别于个体主义的自我。自我实现就是自我省悟，理解自我是更大整体的一部分，有了这样的省悟，自然会把其他生命形式看成是与自我有机联系在一起的。史怀泽提出人应当敬畏生命，与其他生命形式同甘共苦，深层生态学家奈斯则强调，同甘共苦的前提是把其他生命形式也视为自我认同的对象，即大我的组成部分。这样，深层生态学家通过自我实现，强调应追求人与其他生命个体的整体幸福。

深层生态学虽然在一定程度上弥补了生物个体主义的缺陷，但仍然具有一定的局限性，它与生物中心主义一样，在强调人与其他生物的公平性时，忽略了人与人之间的公平问题。《环境正义论》的作者温茨（Wenz）通过分析生物中心主义和生态中心主义的理论得失，借用罗尔斯的“反思平衡”方法，提出了环境正义的同心圆观点。他说：就同心圆观点的阐述而言，我是通过人际关系的视角对之加以说明与辩解的……我对某人的义务随着此人所在的圆与我的接近程度而增加。在某个特定的圆中的存在，大抵与家庭关系、个人友谊、就业、种族地位和物理环境等特征相关联（但并非被限定于此）。[②]这样随着同心圆不断地扩大，温茨将代内平等、代际平等与种际平等都纳入理论体系中。

综上所述，面对人类幸福追求遭遇的生态困境，人们必须重新审视幸福的内涵和外延。那种将幸福等同于物质的高度占有和消费的观点只是工业文明时代异化的幸福观。这种幸福观势必导致人与人、人类与非人类生命形式在福利上的对立状态。幸福权利不是人类的特权，幸福作为一切生命形式的健康发展的状态，广泛存在于地球生物圈，人类不能无缘无故地侵犯非人类生命形式的

---

① 参见 Devall B, Sessions G. Deep Ecology: Living as if Nature Mattered. Salt Lake City: Gibbs M. Smith, 1985.

② 温茨：《环境正义论》，朱丹琼、宋玉波译，上海：上海人民出版社，2007 年版，第 403-404 页。

幸福权利。人类作为生命的高级形式，其健康的内涵与其他生命形式具有区别，包含了身、心健康两个层面。人类幸福的实现应从日益膨胀的物质需求的满足转向促进人的身心健康发展。面对生态危机对人类福祉的威胁，我们必须清醒地认识到任何人对幸福的追求，不能建立在危害他人幸福乃至随意损害其他生命形式幸福的基础上。

总之，个体幸福的实现有赖于幸福共同体的推进，从共享、共赢和共荣三个层面推动幸福共同体的建设，是人类实现幸福的必由之路。在现时代，环保、公正和发展三个方面必须从总体上来把握，幸福共同体的构建正是将这三个方面有机地统一起来。我们要建构一种新型的伦理规则和管理机制，走可持续发展道路，公平调节人与人、人与其他生命形式的利益关系，在地球生物圈的繁荣昌盛中实现人类幸福。

第八章

公共资源的公平共享及民众幸福感提升*

公共资源具有公有、公用、共享的特点，对民众幸福生活和国家建设发展至关重要。新中国成立以来，我国在公共资源配置方面经历了一个曲折的发展过程，特别是城乡二元配置和效率至上的经济发展方式累积了不少问题，严重制约中国社会的健康发展。今天，在全球化、信息化、网络化背景下，公共资源的存在形态和价值实现范围大大扩展，对民众生产生活的影响日益增强。本章在对公共资源共享以及民众幸福相关概念进行界定的基础上，着重分析我国公共资源的共享困境及其对民众幸福的影响，并力求提出一些可行性的建议和对策。

第一节　公共资源共享的公平原则

一、公共资源的基本含义

“公共”一词出自《史记·张释之冯唐列传》：“释之曰：法者天子所与天下公共也。今法如此而更重之，是法不信于民也。”意思是说：法律是天子颁布的，也是大家共同提倡、倡议的，需要大家来共同遵守。如今的法律，倘若要比原来的更加严苛，其结果会使得法律难以取信于民。这说明“公共”

* 高筱红：《社会公共资源共享的差等性及其公平化研究》，集美大学2017年硕士学位论文。

一词在人类早期社会生活中就内含共同遵守约定的意思。根据《现代汉语词典》的解释，“公共”是指属于社会的、公有公用的。资源是指生产资料或生活资料的来源，包括自然资源和社会资源。恩格斯指出，劳动和自然界在一起才是一切财富的源泉，自然界为劳动提供材料，劳动把材料转变为财富。可见，资源不仅包括自然资源，如阳光、空气、水、土地等，还包括人类劳动的社会、经济、技术等因素，即一国或一定地区内拥有的人力、物力、财力、智力等社会资源。并且，随着生产力的发展、科学技术的进步，社会资源的地位愈加凸显。此外，根据不同的分类标准，公共资源可以有可再生与不可再生之别，也有物质、空间、信息、能量等不同的存在状态。而我们这里所讲的公共资源是指社会性公共资源，这里的“社会”，是从更广义的角度理解的人类社会，是经人类涉足、改造、利用的社会，区别于原始的人类未曾发现或利用的自然界。综上所述，公共资源是指具有一定价值、被人类开发利用、为社会提供公共产品和服务以提升社会福利的客观存在形态，具有所有权或监督权方面的“公共性”、受益权方面的“共用性”和“非排他性”、特定程度的“稀缺性”和影响的“全面性”等特征。

二、公共资源共享理念及公平取向原则

对公共资源的认识随着时代的发展和人们认知水平的提升不断深化。党的十八大以来，我国公共资源共享的理念逐步受到重视并进一步确立起来。虽然“共享”内含公平的价值意蕴，但是公共资源共享理念的确立并不意味着在事实上已然实现了公平的享有。那么，何为公共资源共享？公共资源共享又应该遵循怎样的公平原则？

（一）公共资源共享理念

公共资源的开发、利用必须秉持共享理念，因为公共资源不仅具有公有、公用的属性，而且往往是一种稀缺资源。但是共享又需要涉及利益关系，离开利益谈共享就是无源之水或无本之木。而利益，就是一定的客观需要对象在满足主

体需要时，在需要主体之间进行分配时所形成的一定性质的社会关系的形式。①也就是说，对公共资源的开发、利用会产生相应的利益关系主体，在满足主体需要时，又会产生一定的利益关系形式，该利益关系形式是否能够健康、稳定、长远发展，则取决于其是否达到均衡状态，即是否遵循“利益共享”的价值理念。具体来讲，公共资源共享的内涵包括以下五点。第一，公共资源共享的主体必须是全体社会成员。这一方面是由于公共资源的公有、公用、共享的性质在理论上不容许沦为私人所有物；另一方面是因为公共资源被私人占有之后会破坏社会公平正义的价值秩序，引起不必要的纷争，从而威胁社会稳定。此外，公共资源的稀缺性和必不可少性也要求社会全体作为公共资源的所有者，并委托国家作为公共资源的配给者，将其纳入公共服务的范畴，由公共部门管理监督。第二，社会共同利益是公共资源共享的客体。社会成员所共同需要的东西构成了公共资源共享的客体，通常是指以社会整体利益的形式表现出来的，对社会个体生存和发展有益的物质和精神财富。第三，公共资源共享是合理差异基础上的共享。之所以强调要建立在差异的基础之上，是因为公共资源的分布并不均匀，有的地区偏多，有的地区偏少，在现实层面上，不可能完全做到人人均等，所以可以因地制宜地开发利用。但是，差异并不能超出人民可接受的程度和范围，因而又强调必须建立在合理的基础之上，这种合理依赖人们的善良意志，根本上则需要法制予以规范。第四，全体社会成员之间的互惠互利是公共资源共享的本质要求。公共资源共享的价值理念内在地规定社会成员因为公共资源受益必须以不损害他人利益为前提，因而不得私自占有和损坏公共资源，要学会和他人分享社会公共资源。第五，公共资源共享是特定历史阶段的产物。所谓特定历史阶段的产物是指公共资源的共享理念不是从来就有的，而是随着社会的发展和人们认识水平的提高逐步产生的，公共资源共享理念的实现同样需要一定历史条件的支撑。

综上所述，公共资源共享就是社会公众在合理差异和互惠互利基础上形成的对社会公共资源利益的公平享有。它是以一定的历史条件为支撑的特定社会形态发展的产物，在具备利益共享的理念和机制的社会中才能逐步实现。

① 王伟光：《利益论》，北京：人民出版社，2001 年版，第 74 页。

（二）公共资源共享的公平取向原则

公平的内涵十分丰富，既与社会劳动实践相关，又与人的思想情感、目标志向相连；既包括经济市场领域的公平竞争、公平交易、公平分配，又包括政治行政方面的公众价值取向、平等服务、利益均衡等内容；同时兼具平等、自由、正义的价值要求。由此，公共资源的公平共享需要遵循什么原则？

首先，公共资源共享必须遵循机会公平、程序公平、参与公平的原则。其中，机会公平更多地强调公众对于社会公共资源本身及其在开发、利用、受益方面的知情权、选择权等。程序公平是在操作方面的规定，包括：一方面，在处理同样的事情时，应当按照同一尺度，即个人和权力机关应对同等情况下的他人一视同仁。[①]另一方面，类似于法律所说的“无偏袒的中立”，即“与自身有关的人不应该是法官”，解决纠纷者应当保持中立，法规并不参与争议，不受任何组织和个人的干预，公正无私且不怀偏见。结果中不应有纠纷者的个人利益，纠纷解决者不应有支持或反对某一方的偏见。[②]参与公平，则是在配置使用、监督方面的基本权利保护。

其次，公共资源共享必须遵循公开性、科学性、普惠性的原则。所谓公开性是指在公共资源政策制定、实施过程中应做到信息公开，防止因信息不对称而侵害群众利益的行为；所谓科学性是指在公共资源开发、利用过程中应遵循自然规律，努力改进技术水平，保证信息的准确性、充分性，同时设立一定的评估机制和修正机制，提高资源利用效率，保证资源合理、绿色、可持续的发展；所谓普惠性是指每一个社会成员、每一个社会群体的尊严和利益都应该得到有效的维护，任何一个社会群体尊严和利益的满足都不应该以牺牲其他社会群体和成员的尊严与利益为前提条件。

最后，公共资源共享还必须遵循社会公共利益最大化和利益均衡化的原则，保证每一个社会成员在社会公共资源方面享有最大的利益，且社会成员之间利益均衡，不至于陷入矛盾和冲突之中，以维护资源的可持续利用和保证社会的长期稳定发展。

---

① 柯武刚、史漫飞：《制度经济学：社会秩序与公共政策》，韩朝华译，北京：商务印书馆，2000年版，第93页。

② 张文显：《法理学》，北京：高等教育出版社，1999年版，第343页。

第二节　公共资源共享与民众幸福的相关性

一、幸福的基本含义及其实现条件

幸福是人类社会永恒的价值追求，人们的每一次实践都在探寻着如何获得幸福，也都在为社会的普遍幸福和民众的个人幸福创造着必要条件和现实途径。

（一）幸福的基本含义

幸福的范畴早在古希腊就被提到伦理学理论的首要地位，在很长的时期里，人们将幸福作为论证道德本性和解释道德目的的一种方式，认为幸福是一切善行最高的标准和道德行为的基础。在费尔巴哈看来，追求幸福的欲望是人生来就有的，因而应当是一切道德的基础。但与此同时，由于人们对道德与幸福的错误认知，以及现实社会的发展，往往出现道德与幸福“二律背反”的现象，即“有德者未必有福，有福者实多恶徒”。康德则认为：如果道德论只是一种幸福理论，那么，为了这种幸福理论而去寻求先天原则，就会是件荒唐的事情了。由此看来，幸福有其自在的特性内涵，不能简单地依附于道德理论阐述，而应该作为人自然追求的一种心理状态体现出来。而真正要了解幸福必须弄清以下几个问题。第一，幸福包括三个要件：认识自己、认清社会现实、在自己与社会现实之间构建合理的联系。其中，认识自己就是获得自我意识和自我认知，特别是自己的精神追求、人生理想、生活欲望等，人只有熟知自我心理满足的要件才能在实际生活中努力获得此种自我满足感，这是拥有幸福的前提条件；认清社会现实是使幸福趋于理性，现实条件在某种程度上总是不能尽数满足主体的需求，主体应对自我满足的要件进行分析、调整，使其不至于成为不切实际的空想或者奢靡堕落的享受；在自己与社会现实之间构建合理的联系则是寻求幸福的最大可能性，是实现幸福的必经之路。第二，幸福是幸福感的积累。幸福建立在幸福感的基础之上，幸福感累积到一定程度会造就幸福。幸福是有质量的，幸福感多时，幸福的质量就高；幸福感少时，幸福的质量就低。第三，幸福感与快感不同。幸福感是比较理性的生命体验，是有益于人理解自身之存在和生活得长久的积极性情感态度和体验。而快感则是简单地、感性地享受感官、知觉的刺激，具有一时性、即时性、一事性，是短暂而又容易迷失自我的情绪状态，是人的本能反应。

总之，幸福是人在社会现实中构建的存在意义，幸福基于认识自己和认清社会现实，并在自己与社会现实之间构建合理的联系。幸福往往是难以被定义或被追逐的，幸福内在于民众，不是身外之物，而幸福的实现则需要人们的亲身实践。人们在现实生活中谈论幸福，某种程度上只是谈幸福的诸多必要性和可能性条件，将隐性的幸福显性化、主观的幸福客观化、抽象的幸福量化，如当代人们熟悉的幸福指数就是指获得幸福所需要的主要客观条件，是一个对福利和幸福进行测量的概念。有的研究以人们的满意度为根据确定了七种测量标准，即经济满意度、环境满意度、身体满意度、精神满意度、工作场所满意度、社会满意度、政治满意度。

（二）民众幸福的社会条件支撑

显然，需要借助一定的社会实践来创造幸福所必需的现实条件。那么，又该如何看待幸福的必要和可能性条件？

首先，幸福的必要条件是维持生命个体生存、发展、享受必不可少的条件，离开了此条件，民众幸福就是一句空话。其中，物质条件的获得自然是首要条件，是民众幸福的基石，得到了人们的普遍认同。然而，并不是物质积累越多，民众越幸福，对于物质的追求必须把握一个“度”，否则便可能导致不幸。幸福的物质条件应当是不至于威胁到人的生存，同时又能提供人保持对真实自我和真理世界追求的适度性条件。另外，良好的家庭环境、教育条件、医疗条件、社会保障条件也是民众幸福必不可少的条件。按照心理学分析，家庭对于一个人的影响不仅包括性格，还包括认知能力、情绪反应、思维方式、行为表现等等，几乎会伴随着一个人的一生；教育条件直接关系到民众自我认知能力的培养，特别关系到一个人世界观、人生观、价值观的生成，当然这种教育条件不仅指专业化的学校教育，还包括家庭教育、社会教育、自我教育等；医疗条件关系人身体、心理健康能否持续，以及人的寿命长短问题，也是幸福必不可少的要件；社会保障条件是对上述条件的一个保障机制，离开了这层保障，民众幸福的风险就会增加。

其次，民众幸福的可能性条件是指在特定的时空范围内，或者在人们的理念世界里能够创造民众幸福的条件。当然，这种条件对于幸福的作用力具有不确定性，有时表现为积极建设，有时表现为消极破坏，依赖于人类的意志控制。一方面，人们为了获得幸福，会主动创造幸福的条件。例如，各种娱乐设施、艺术作品、交通工具等都是为人类的幸福而产生的，尽管其出现之后对于民众幸福的作用力并不都是积极的，而是依赖使用者的意志。另一方面，社会自身的不断发展，特别是生产力的变革也会创造出民众幸福的新条件。例如，互联网技术、智能产品、电子商务等的产生和发展，极大地便利了人们的生活，为民众幸福带来无限可能，但是具体的运用也是因人而异。

最后，就理论上而言，人类社会所创造的一切条件都应是为着民众的幸福而存在的，而这些条件在实际生活中直接或间接地影响着民众生活的幸福度。①

二、公共资源共享与民众幸福的正向逻辑关系

公共资源作为社会建设与发展的基础性资源，与民众幸福密切相关，它通常表现为民众幸福的必要条件。例如，维持民众生存的物质资源本质上都来源于土地、水等公共自然资源和社会资源；城市公共基础设施、教育资源、医疗卫生资源、公共信息资源、社区公共空间等直接构成民众幸福的要件。同时，公共资源也为民众幸福提供无限可能的发展空间。随着人类智慧的发展、高新技术手段的运用，公共资源将以新的方式被开发、利用、分配和享用，为民众幸福带来新的可能。公共资源共享理念的确立，在充分保障民众普遍幸福的基础上也为民众的个人幸福增添了新的意义，无论从理论上还是实际上都将为民众带来福祉。因而，公共资源共享与民众幸福之间构成的是正向关系，主要表现在以下几个方面。

---

① 张巧梅：《我们需要什么样的幸福观》，《中州学刊》2008 年第 3 期，第 132-134 页。

第一，公共资源共享取向将提升民众普遍幸福感。前文述及，公共资源共享应当建立在公平的基础上，社会将通过一系列的公平原则，力求确保公共资源在社会生活中的均衡配置和公平享有。这样的公共资源共享理念和追求，体现出强烈的普遍幸福指向，借助理念的提升和实践的推进，公共资源公平共享必将从整体上提升民众幸福感。

第二，公共资源共享将有效提高民众幸福质量。公共资源共享是建立在差异基础上的共享，而这种差异一旦超出一定的限度就会导致差等现象。公共资源公平共享的范围越广、程度越深，民众幸福的指数就越高，幸福感便积累得越多，幸福质量也会越高。反之，公共资源的享有若呈现出严重的特权化、分层化的状态，必将造成社会大众的利益受损，从而导致民众幸福质量的普遍降低。

第三，公共资源共享困境必定导致民众幸福感低下。过分强调公有化的程度和集体至上，会在相当程度上忽视民众个体和家庭的利益；过于强调效率优先的政策导向，易导致城乡二元分化格局、地域发展不平衡以及社会阶层严重分化等问题。无论是片面追求公有化还是过度追求效率至上的做法，都会造成公共资源共享上的极大局限性，造成人们的心理欲求得不到满足、幸福感不断降低。公共资源共享困境所带来的负面现象，从反面启示我们，公共资源共享的公平化状况在很大程度上影响着民众幸福感的高低，必须引起国人的高度重视。

第三节　公共资源共享的困境及其对民众幸福的影响

明晰了公共资源共享与民众幸福的基本内涵、实现条件及相互关系之后，还需要对公共资源的现状进行分析。我国在长期的发展过程中，在公共资源的配置方面累积了不少顽疾，特别是城乡二元分化格局、地域发展不平衡以及社会阶层分化，都会对民众生存发展产生不利影响，导致民众的幸福取向偏离、幸福要素缺失、幸福感消减。

一、城乡困境：二元格局成顽疾

我国公共资源共享最大的困境是目前已经形成的公共资源城乡二元格局现状。按照社会公共资源共享的理念，公共资源在开发、利用、配置和享用过程中都应遵循公平公正的原则，将城乡作为一个整体考虑，统筹规划，做到全民利益共享和城乡一体化均衡发展。但是，由于历史和现实的原因，我国社会公共资源配置存在着明显的城乡二元格局，主要表现以下几个方面。

第一，城市公共基础设施等资源优于农村。目前，相较于城市先进的教学设备与雄厚的师资力量，农村教学条件差、教师流失；城市博物馆、图书馆、文化娱乐场所等资源聚集，而农村地区却较少；城市在医保、社保等方面的体系构建和服务配套更是先进于农村。

第二，城市信息资源优于农村。随着新一轮社会转型升级，信息资源在拉动国家经济发展、保障社会进步、促进科技创新和文化繁荣方面具有全方位、不可替代的综合贡献力，而共建共享是信息资源开发、利用的前提和基础，所以，信息资源成为重要的社会公共资源，其跨时空、跨地域的特性也有望打破城乡二元格局。但是，农业信息化水平远不能和城市相提并论，表现在信息资源硬件设备的拥有量，信息资源在教育、医疗、就业等领域的应用状况等，这些都存在明显的差异性和滞后性。

二、区域困境：资源失衡成桎梏

区域通常是以自然地理和经济为基础的土地的界化。这里，我们通过侧重考虑区域经济发展和公共资源配置的差异来阐述我国社会公共资源的区域失衡现状。

在社会公共资源方面，目前我国各个地区差异明显。中西部地区的教育、医疗、社保等资源相较于东部沿海地区存在差距。在偏远的西部地区，由于交通、经济等限制，网络覆盖率、质量都是比较低的。这一系列的区域资源失衡问题阻碍我国公共资源的共建共享。

三、层级困境：资源私化成隐患

我国公共资源种类繁多、数量庞大、分布不均，给有效管理、健康运行和资源共享带来困难，因此，出现不少既得利益群体或个人对公共资源的非法使用和占有，此种行为加剧了社会阶层的分化，使社会面临等级化（高低贵贱）的风险。一方面，在公共资源管理、使用和分配的过程中，有些个人和团体公私不分，产生“公即是私”的心态，将公共资源的管理权变成小团体的部门私权，以权谋私。除此之外，还有一些医院、机场、车站过度的“VIP”化、一些公共教育资源过分强调“价高者得”等现象，这种通过特权关系侵占公共资源为个人或团体牟取私利的行为以及公共资源过度的“见钱眼开”现象都不得不令人深思。此外，有些矿产资源丰富的地区，官商勾结，非法侵占或者以低价获得土地的使用权和资源的开发权，进而赚取高额利润，鱼肉百姓。此类行径，不仅败坏了社会风气，更造成了对公共资源的肆意开采和对生态环境的无度破坏。

另一方面，垄断性行业内部的福利腐败造成了公共资源的私化。这些行业资源在本质上也属于社会公共资源，但是，在现实生活中却存在不同程度的垄断和私有化现象。比如，在大家普遍关心的教育、住房、医疗问题上，在部分中小学校甚至大学中，存在本校教职工子女实行降分录取、优先录取、免交择校费以及优先留校工作等福利政策。当然，在电力、燃气、供水、公交、地铁等行业部门，也存在着相类似的隐性福利政策。此类垄断福利政策不仅违背了公共资源共享的理念，而且有将成本转嫁社会的迹象，长此以往势必造成整个社会的等级分化。

此外，社会圈层化趋势也加速了公共资源的紧缩和私有化。圈层最初是一个地理学概念，近几十年以来，形成诸如经济圈层、组织圈层、社会圈层等理论，各种圈层理论交叉互动，反映着社会生活的各种圈层化现象。从现实角度看，不同的圈层及圈层内部都具有优先等级秩序，这种优先等级秩序决定了圈层内部和圈层之间对于公共资源开发、利用、分享的权利结构和差等秩序。现代社会，除了传统的以城市为代表的核心圈层、中间圈层、外围圈层和以农村为代表的家族圈、人情圈划分之外，圈层化生活逐渐成为一种潮流文化。拥有相同或相近背景、教育经历、社会地位与视野的人们居住在一起，进行利益互通、人际交流、资源共享。企业家、公司高管加入高端的商务圈层；高学历、知识渊博的人们组成文化精英圈层等等。圈层可以为成员带来更多的价值，以及事业和生活上的种种收获和帮助，包括人脉的建立、信息的获取等。圈层会因为不断吸收“志同道合”者而逐渐扩大，圈层的扩大必然会在社会上形成各种财富圈、权力圈和声望圈，由于圈子对外部成员进行制约、对内部成员给予便利，社会公共资源在各个优势圈层内部聚集，而弱势圈层及游离于圈层之外的群体则不能实现社会公共资源的有效共享，社会圈层化趋势日渐成为阻碍我国公共资源共享的一大难题。[①]

第四节　公共资源共享的公平化及民众幸福感提升

前文已述，公共资源的公平共享和民众幸福感的提升有着密切的相关性。在现实社会生活中，我们需要从观念到实践的一系列变革之举，以促进公共资源共享的公平化，进而提升民众的幸福感。

一、确立符合现代社会发展的公正理念和价值导向

首先，应培养公民的法治思维，强化公正意识，以促进社会的基本公正。在法治思维的培养和依法公正办事问题上，首先应当关注的便是党政领导干部。如若领导干部在公共资源配置和管理过程中自觉剔除官本位思想和特权意识，杜绝以言代法、以权压法、徇私枉法，甚至知法犯法现象，心中充满对法律的敬畏，公平公正地对待和处理关涉公共资源的相关人员和事务，就能够率先垂范

① 田圣楠：《新媒体时代圈层文化现象研究》，《新媒体研究》2021 年第 2 期，第 74-76 页。

引领社会风气，从而有效地推动公共资源的公平化进程。同时，应当努力提高民众的法律意识，促使其积极利用法律手段维护自身合法权益。只有广大民众都拥有了强烈的法治观念和公平意识，公共资源的公平共享才能在基层民众中得到基本保障，社会矛盾和纠纷也能得到有效缓解。

其次，应提高国民的整体素养，践行社会主义核心价值观，以推进社会的公平正义。作为我国社会发展的基本道德规范和价值体系，公民基本道德规范和社会主义核心价值观，是对民众的基本道德约束以及对社会生活的基本价值导向。所有社会成员都应以积极的态度遵守基本道德规范，努力践行核心价值观的各项要求。当一个社会中的民众都能够以基本道德规范要求自身，而该社会的核心价值观又能够起到引领社会生活的正确导向作用，那么，该社会必然能够形成一种风清气正的氛围，能够有效构建公平正义的社会环境。①

在公共资源共享问题上，近年来党和政府已将公共资源的均衡配置作为工作重点之一，其目标指向是让民众能够在公平共享社会资源的基础上，提升对社会发展成果的“获得感”，从而增强其幸福感。但是，仅仅依靠政府和社会组织的作为是不够的，在追求幸福生活的道路上，每一个社会成员都有着不可推卸的责任，包括对公共资源的公平获得，除了需要政府的相关政策措施的支撑和扶持，公民自身也应当发挥主动性，严格遵纪守法，恪守道德准则，提高公正意识，树立共享理念，发挥主体作用。

二、构建公共资源全民共享的体制机制

社会发展是一个系统化的整体互动过程，任何一方的缺失都会导致社会生活的失衡。我国公共资源要实现公平共享，离不开经济、政治、法律等各领域相关体制机制的协同支撑和保障。为此，需要在社会生活各领域构建严密有序的保障体系，并使之相互协调、相互促进、相得益彰，从而为公共资源的全民共享

① 金德楠：《新中国成立以来社会主义道德建设的主要历程和基本经验》，《长白学刊》2021年第3期，第32-37页。

提供有效的社会支持。

第一，要构筑坚实的经济保障体系。马克思主义认为，经济基础决定上层建筑，有什么样的经济基础，就会有什么样的上层建筑与之对应。改革开放以来，我国经济发展已经取得巨大的进步，但是面临新的转型升级。党的十八大之后，我国进入全面深化改革阶段，“一带一路”以及“亚投行”的建设，在战略上打开了一条通道，给我国经济的发展带来新的机遇。我们必须紧紧抓住机会，以新观念、新方式主动实现经济结构的转型升级，保持我国经济稳定增长。只有这样，才能为解决公共资源差等性困境、实现公共资源公平共享提供坚实的物质基础和保障。

第二，要构筑坚实的政治保障体系。目前，我国公共资源共享面临的种种困境，在很大程度上受制于国家在不同时期所确立的政策体制。这些政策虽然在特定的时期为我国经济社会发展带来很大的改观，但是也积累了诸多问题，需要尽快予以调整和改革，以适应新时期经济社会发展的需要。在公共资源共享方面，国家需要从顶层设计上实现对公共资源配置的实质性变革，建立符合现代社会发展以及民众合理利益诉求的体制机制，出台相应的政策举措，从政治生活层面为公共资源的公平共享提供有力保障。

第三，要构筑坚实的法律保障体系。依法治理是实现公共资源共享的必然要求，也是保持我国公共资源共享各项工作持续健康稳定发展的现实需要。全面依法治国的提出，在很大程度上为我国公共资源共享提供了良好的法制环境。在此基础上，我们需要着手制定保障公共资源共享的严密法律法规体系，要借助法律的权威，严厉惩治侵占公共资源的不法分子，有效维护每个公民的合法权益，以确保公共资源能够在全社会实现真正的公平共享。

第四，要构筑坚实的技术保障体系。现代技术日新月异，一个国家现代技术水平的高低，关系着社会管理的精细化程度、协作共享的实现程度以及风险预见和防范的水平等。在当今时代，许多重要的技术突破都来源于网络大数据，因此，构筑坚实的技术保障体系，一要完善网络基础设施建设，二要在电子应用、软件开发、编程技术等方面不断实现创新发展，并将其运用于社会公共资源的管理、开发、利用、共享的整个过程之中。

三、创新公共资源共享的治理模式

在公共资源治理中，我们应根据公共资源的内容和特性选择恰当的治理模式（政府主导治理、市场主导治理、自组织治理、网络治理模式等），方能实现公共资源的有效治理。例如，在我国城市公共建设方面，应根据各个城市的特点和实际需要制定特色化发展战略，寻求多样化运营模式，而不是千篇一律，盲目建设机场、大广场、大学城、大商场等，导致城市空间资源、土地资源的浪费。而在创新和完善公共资源治理模式，推进公共资源治理的现代化进程中，可以借鉴西方的新公共治理模式，实现治理主体多元化。

自 20 世纪 70 年代西方经济、社会和管理危机出现之后，不同于传统公共管理垄断和强制的特性，而是要求政府、企业、团体、个人共同参与的，多元、民主、合作性质的公共治理模式产生了。在此过程中，政府的主要任务在于充分挖掘各种管理和统治工具的潜力，侧重宏观把握，而不是事事亲力亲为。这种治理模式给我们的启示，就是动员企事业组织、社会团体和个人参与到社会公共资源的治理过程之中，实现治理主体的多元化，以求平衡各方利益，实现公共资源利益的均衡配置。例如，政府可加强对基层公共基础设施建设的投融资、建设、维护与管理，而将已经走上正轨的部分城市公共基础设施的投融资、维护等事项交给企事业单位和社会组织来完成，既减轻政府财政压力，提高城市基础设施建设的效率，又有益于促进城乡、区域间的平衡发展。①

四、健全公共资源公平共享的监督机制

一方面，要健全公共资源公平共享的监管评估机制。一是设立专门的监督部门对公共资源相关决策的制定过程、项目审批过程以及多方利益主体协商等过程进行监管和审查，发现问题及时纠正和处理。二是建立公共资源公平共享

① 赵强、赵泽瑾：《超越传统公共行政和新公共管理：新公共治理的理论建构逻辑》，《行政科学论坛》2021 年第 1 期，第 46-49 页。

的成效评估机制，对相关项目的实施以及成果进行阶段式考察，总结对比，适时根据群众诉求进行调整，并对相关工作人员进行奖励或处罚。另一方面，要健全公共资源公平共享的社会监督机制。公共资源公平共享的社会监督主体应当是全体公民，特别是利益相关主体，应该畅通举报渠道，保障社会公众的监督权和便利。此外，要落实公共资源公平共享的法律监督机制。法律监督是保证其他监督有效运行的基石，法律监督更容易约束企图在公共资源方面贪污腐败、权力寻租、牟取私利的人员，应借助有关法律规范和机制更好地保障社会公众行使监督权，而不至于出现对举报人进行恐吓、威胁，甚至谋害等现象。

综上所述，公共资源共享的公平化问题已然成为当前中国一项非常重要却棘手的问题。我们面临着诸多现实困境：二元格局下的城乡困境、资源失衡下的区域困境、资源私化下的层级困境。如何让既得利益者主动放弃、转让和分享既得公共资源利益？如何让“共享利益”在“利益共享”时实现社会公共利益的最大化？如何创新公共资源治理体制机制以及建立和发展公共资源共享服务平台？虽然在学术界和国家有关部门，相关的研究和实践已经陆续展开且取得了可喜的理论成果和实际成效，但是我们依然任重而道远。

从文中的相关内容来看，公共资源共享的公平化问题，究其实质是公共资源的共享者之间的利益关系问题。只有先对问题或症结进行“精准定位”，才能够“对症下药”，最终达到“药到病除”的实际效果。所以，要化解公共资源共享的公平化问题，就必须从根本上解决在公共资源的共享者之间所存在的利益冲突和矛盾。为此，我们需要集政府部门、社会组织以及社会成员的所有力量，共同为实现公共资源的公平化共享献策献力，从而营造一种舒畅和谐、共存共赢、互惠互利的文明共享环境。只有这样，民众幸福的必要性和可能性条件才会具备，民众的幸福感才能提升，民众才可能确知并获得真正意义上的幸福。

后　记

写作本书的直接的原因来自我所主持的国家社会科学基金项目“社会公正与民众幸福感的相关性研究”（12BZX071）。作为课题的最终成果，自然需要一个表达全体成员所思所想的载体。而更为深层的原因，是人类社会的普遍性关注和生活本身的根源性需求对于我们思想的触动。当然，个体本身的生活期望和对于思想观念省思的热爱，也是促使这一课题产生并开展的内在动力。如此种种，促成了这部多年思考的结晶——《幸福与公正》的出版。

本书的写作思路，开题初始便比较明晰：应当兼顾思想理念的辨析和实践路径的探索。因此，在全书的结构安排上，前半部分主要关注的是“幸福观”“公正观”及其相互关系的阐述和辨析。我们知道，一个论题的价值确证和有效展开，首先需要有恰当观念的引领。因而，确立兼具“正当性”与“合理性”的“幸福公正观”是首要的任务。为此，本书的开篇章节分别设置了“幸福价值论”“公正价值论”及其相互关系的探讨，也尝试了对儒道佛幸福观及其与马克思主义幸福观的分析比较。其用意都在于，面对当下现实状况的失衡以及主体价值观的失范，探索一种既具有普遍意义又不乏时代特质的观念体系。

后半部分的各章，则侧重对社会生活基本领域热点问题的探讨。对应于“五位一体”的国家战略构想，分别研究了经济、政治、文化、社会、生态各领域中的公正与幸福问题。显然，后续各章更多地关注现实问题。各章的叙述结构，兼顾了理念和现实的结合。换言之，本书既重视对社会现实的客观考量，又关注相关问题本质意义的理论探析。以事实触发观念，以观念引导实践，从而获得了事实与价值、理念与实践的有机统一。

本书得以顺利付梓，特别需要感谢的便是课题组的所有同人。共同的学术兴趣和相近的研究意向让我们走到了一起。课题组的构成形式，通常表现出的是松散的样态。但是，就如同文学世界中“散文”体裁的特点一样——我们的组合实现了“形散而神不散”的追求。从课题立项到结题以至书稿完成，虽然前后经历了数年的时光，但在此过程中，课题组各位同人克服困难、竭尽所能，实质性地参与了课题研究的相关环节。

尤其需要指出的是，课题组的孙春晨、徐朝旭、萧仕平、丁春华、巨东红老师，他们既是我的同行同事同学，又是我多年的朋友。从课题的申报以至结题的整个过程，各位均给予我极大的支持和真诚的帮助。相识、相知以至自发或自觉所达到的共鸣，让我们的合作过程和谐而顺畅。可以说，正是各位老师的深厚功力、严谨学识和倾情相助，才使得本研究得以顺利完成，并获得令人欣慰的结题成效。

在课题的开展过程中，我们尊重各位专家学者的专业优长，并最大限度呈现每位学者的真知灼见。全书的结构安排，便是各位学术专长和独特见解的展现。需要说明的是，书中的部分内容，已经以论文的形式在学术刊物上发表。本书的撰写分工如下：吴沁芳承担导论、第 1—3 章以及后记的撰写，并负责全书的统稿及完善工作；其余各章的撰写人分别是萧仕平（第 4 章）、孙春晨（第 5 章）、丁春华（第 6 章）、徐朝旭和裴士军（第 7 章）、高筱红（第 8 章）。高筱红、田志宇、李梦雪、蔡进源同学对本书文字的校检及参考文献的规范化工作，给予了认真细致、尽心尽力的付出。在此，对各位专家学人的真诚相助和专业精神表示衷心的感谢和诚挚的敬意！

本书的顺利出版，得益于各方人士的热诚相助和大力支持。首先要感谢项目评审专家的充分肯定，感谢国家社会科学基金的大力资助。同时，要感谢福建省社科规划办公室领导和工作人员的重视与支持。本书的出版，获得了集美大学的资助，在此特别要感谢学校发展规划处的梁振坤处长，他的热情支持和高效工作，使得本书的出版程序得以顺利推进。

在此，还要感谢集美大学原政法学院领导对本课题的关心和支持，特别要感谢杨贵华院长，课题从申报以至出版的各个环节，都得到了杨老师给予的热诚且专业的指教。感谢马克思主义学院萧仕平院长以及教研室的各位同人，大家长期以来的理解、帮助和支持，是本课题能够顺利结题的重要支撑。

感谢科学出版社先后参与本书编辑的各位老师，刘溪编辑对书稿的悉心审读以及在此基础上的专业建议，对本书的完善和提升起到了积极的作用。田慧莹编辑的热心支持和积极协助，有效推进了本书的出版进程。刘红晋编辑在接受本书编稿工作后，热心、细致、及时地解答了书稿修改完善的诸项事宜，使得本书的出版得以实质性推进。当然，还必须提到的是，本书的许多学术资源得益于众多思想大咖和学者们的智慧贡献，在此一并以崇敬之心深表谢意！

此外，要特别感谢家人和亲朋好友一直以来给予的关注、理解和支持！在课题和书稿的进行过程中，亲情与友情的抚慰和鼓励，让原本艰辛的研究行程显得格外温馨和充满希望！

课题的立项始于一个夏天，书稿的完成终于又一个夏天。数度光阴，几度轮回。各位领导、同人、亲友的热情相助和鼎力支持，终使课题顺利完成，书稿得以出版。回首来路，课题研究以及书稿写作的过程是辛苦和枯燥的。其间，除了要确保日常工作与生活的既定和稳定状态，更需要克服研究进程中思绪上的芜杂和情绪上的纷扰。但同时，这一思想的旅程又是令人愉快和享受的，就如同在河川中穿行的船只，在越过了诸多曲曲折折、顺逆交替的峡谷河滩之后，当一望无际的海平面呈现在眼前之时，人们便会领略到海阔天空的豁然开朗与欣喜快慰。故此，书稿付梓之际虽正值艳阳高照、暑热难当之夏日，而我的内心，却满是清风朗月、舒爽明快之愉悦感。

吴沁芳

2022年8月于鹭岛